书籍设计

SHUJI SHEJI

李昱靓 编著

高等院校设计类专业新形态系列教材

GAODENG YUANXIAO SHEJILEI ZHUANYE
XINXINGTAI XILIE JIAOCAI

重庆大学出版社

图书在版编目（CIP）数据

书籍设计 / 李昱靓编著. -- 重庆 : 重庆大学出版

社, 2024. 10. -- (高等院校设计类专业新形态系列教材

). -- ISBN 978-7-5689-4856-2

Ⅰ. TS881

中国国家版本馆CIP数据核字第20241P077N号

高等院校设计类专业新形态系列教材

书籍设计

SHUJI SHEJI

李昱靓　编著

策划编辑：席远航　蹇　佳

责任编辑：席远航　　装帧设计：张　毅

责任校对：谢　芳　责任印制：赵　晟

重庆大学出版社出版发行

出版人：陈晓阳

社　　址：重庆市沙坪坝区大学城西路21号

邮　　编：401331

电　　话：（023）88617190　88617185（中小学）

传　　真：（023）88617186　88617166

网　　址：http://www.cqup.com.cn

邮　　箱：fxk@cqup.com.cn（营销中心）

全国新华书店经销

重庆正文印务有限公司印刷

开本：787mm×1092mm　1/16　印张：10　字数：227千

2024年10月第1版　　2024年10月第1次印刷

ISBN 978-7-5689-4856-2　定价：58.00元

前言
FOREWORD

本书对广大高校学生和从业人员来说是一本介绍书籍设计知识较为全面的教材。首先，较全面地概述了书籍设计理念、书籍的视觉传达设计、书籍装帧方法等知识；其次，结合大量实例，将纸张立体结构设计、书籍装订工艺以及书籍的视觉表现进行了分类、归纳和总结，具有较强的实用性和参考价值。本书在编写过程中，参阅并吸收了国内外知名书籍艺术家和设计师的设计理念和经典作品，展现了不同文化背景下的设计风格，并提供了部分学生书籍设计作品供学习和参考。学生通过学习本教材，不仅能丰富自己的知识结构，更能扩大视野，培养较高的设计审美素质。

本教材的特色：

①切实按照书籍设计课程教学体系编著本教材，按基础、技能、应用三个层次构建教材内容体系，能满足教学组织的灵活性和多样性的需要。

②教材引入书籍设计领域新理念、新方法，将当代知名书籍设计师及最新国内外设计作品融入课程内容，注重理念与手工实践相结合，从学科整体高度把握书籍设计的教学实践和应用。书中配有大量案例，特别是创作实践和教学实践中指导的学生优秀成果的展示，提高了教材的专业针对性与拓展性。

③注重手工实践环节的内容设计，实践项目基于能力培养的学习情景设计，以主题、实践操作步骤等为载体，突出专业性、实用性、应用性及创新性，尽可能地与专业相融合，课程教学服务于专业学习需要，注重培养学生的职业技能和专业素养。书中各章附思考题和数字资源，有助于读者进行拓展学习。

本书对采用的图片做了详细的注释，但个别图片因资料不全无法注明，在此向有关作者表示歉意。书中疏漏、不妥之处，诚待专家及广大读者不吝指正！

编　者
2024 年 2 月

目录
CONTENTS

1|
书籍设计概述

1.1 书籍设计的基本概念

书籍是人们在生活和生产实践中为了实际需要而创造出来的,是一种文化现象,代表人类物质生活水平和精神文化水平。因为它记载着事件、思想、经验、理论、技能、知识等丰富内容。所以,它一产生就具备两种属性:一是精神属性;二是物质属性。所谓精神属性是指书籍的内容是随着时代的发展而变化的,它反映着不同时期的思想意识、政治倾向、经济状况、文化风尚以及科学技术发展状况等;所谓物质属性包括文字、文字载体、材料形状及装帧形式等。它反映一定社会、一定时期的生活状况和意识形态,是随着时代的发展而发展的。文字是书籍构成的基本条件,任何情况下,没有文字都不可能产生书籍。文字不但承担着意识形态的构成任务,也影响着书籍物质形态的内外状况。文字的载体是指书籍的制作材料,它影响着书籍的制作方法。从刀刻、笔写、雕印、泥活字排印、木活字排印、金属活字排印,直到后来普及的铅活字排印书籍,中间经历了一个漫长而曲折的过程。可见书籍的制作材料不同,就有不同的制作方法,从而进一步影响书籍的外部形态。这些物质要素,协调有机地组合起来,便构成了书籍的物质形态[1]。

"书籍"在古代亦称"典籍""载籍"。"籍"指借用竹简以文字记录政事,带有登录、记载的意思。《后汉书》记载,东汉时马融于永初四年(公元110年)当上了校书郎后写了一篇《广成颂》,在这篇颂文的小序里,自己谦称蝼蚁,不胜区区,职在"书籍",这大概是关于"书籍"一词最早的较为明确的记载。

关于"书籍"的概念有诸多解释。1964年,联合国教科文组织将书籍定义为"页数在四十九页以上的非定期印发的出版物"。1979年版的《辞海》则解释书籍为:装订成册的著作物。法国著名学者弗雷德里克·巴比耶在《书籍的历史》一书中将书籍定为"包括一切不考虑其载体、重要性、周期性的印刷品,以及所有承载手稿文字并有待于传播的事物"。实际上,在新观念、新技术、新材料、新工艺相互渗透的时代,在书籍承载的信息、书籍的载体材料,甚至书籍本身的形态不断变化发展的今天,书籍的概念可以界定为:以承载信息、传播信息为目的,以文字、图形或其他符号在一定材料上记录知识、表达思想、抒发感情并集结成册的著作物,称之为书籍。作为一种信息载体,书籍跨越了时间和空间,甚至跨越了种族和文化,其传播的广度和深度是不言而

---

[1] 李致忠.简明中国古代书籍史[M].北京:北京图书馆出版社,2008:4.

喻的。从书籍的最初萌芽到今天电子书的出现，书籍伴随历史的变迁形成自身发展的历史，书籍的概念也会随着时代的不断演变而不断地发生变化，因此，"书籍"是一个发展的概念。

书籍装帧艺术随着书籍的诞生而产生，"装帧"一词来源于日本，最早出现于1928年丰子恺等人为上海《新女性》杂志撰写的文章中，并沿用至今。"装"有装裱、装订、装潢之意，"帧"为画幅的量词，装帧一词的本义就是将多幅单页装订起来，并进行装饰。

书籍装帧设计是指包含了书籍所需的材料和工艺的总和，一般包括选择纸张、封面材料、确定开本、选择装订方法和印刷、制作方法等，是书籍生产过程中的装潢设计工作。20世纪70年代末中国的改革开放极大地推动了中国书籍装帧艺术的发展，频繁的国际国内书展大大促进了书籍设计观念的更新，并引发了书籍设计界对装帧艺术的反思和深层次的探索。因此，现代意义的"装帧"已经不仅仅是包括封面、书脊、封底、勒口、环衬等要素的整体设计，而是包含了更广泛的内涵，也就是我们今天所说的书籍设计。

书籍设计是指开本、字体、版面、插图、封面、护封以及纸张、印刷、装订和材料等综合性的艺术设计，是一门将商业行为与精神产品融为一体的综合性造型艺术。

如今，设计界对于"装帧"的实质已经取得共识，"装帧"既非传统的、片面的封面装饰或装潢，也不是单一的技术性操作的装订，而是全方位地从内文到外表、从信息传递到形态塑造的一系列的设计活动，是把书籍思想内涵与特征以装帧的形式创造出整体的视觉形象。无论是"书籍装帧设计"还是"装帧设计"，概念虽然有所不同，它们都包括形成书籍的必要物质材料及全部创意、设计、制作活动，是塑造书籍从内到外、从形式到内容、从物质到精神的一系列艺术创造活动。

随着出版技术的发展和设计意识的导入，书籍装帧的概念已演变成为书籍设计，文字、图形、色彩、材料构成书籍设计的四大要素，应结合这四大要素进行全方位的构思和打造。

日本著名书籍设计家，被日本誉为设计巨人的杉浦康平认为：一本好书，是内容和形式、艺术与功能的统一，是表里如一、形神兼备的信息载体。好书体现的是和谐对比之美，和谐，是为读者提供精神需求的空间；对比，则是创造视觉、听觉、嗅觉、触觉、味觉五感之阅读愉悦的舞台。这意味着书籍整体设计，要求在有限的空间（封面、内页）里，把构成书籍的各种要素——文字、图形（图像）、色彩、材料等诸因素，根据特定内容的需要进行组合排列，对书籍的外表和内在进行全面统一的筹划，并在整体的艺术观念的指导下，对组成书籍的所有形象元素进行完整协调的统一设计。书籍整体设计涵盖：书籍的造型设计、封面设计、护封设计、环衬设计、扉页设计、插图设计、开本设计、版式设计以及相关的纸张材料的应用、印刷装订工艺的选用等，最终达到外表与内在，造型与神态的完美统一，其凝聚成的书籍的形式意味、视觉想象、文化意蕴、材料工艺等正是书籍艺术的魅力和价值所在。（图1-1）

图1-1 《全宇宙志》 杉浦康平

1.2 出版物的概念

出版物是指以传播为目的贮存知识信息并具有一定物质形态的出版产品。

1.2.1 出版物的构成要素

一是以读者所需要的信息知识构成内容。

二是以一定的表达方式陈述信息知识，包括文字、图像、符号、声频、视频、代码等。所谓多媒体出版物，其实就是在一种媒体上同时使用了上述多种表达方式的出版物。

三是以一定的物质载体作为知识信息存在的依据。

四是以一定的生产制作方式使知识信息附着于物质载体上。

五是以一定的外观形态呈现出来。除了常见的书籍、唱片、录音带、录像带、激光视盘等声像出版物，缩微平片、缩微胶卷等缩微出版物，磁盘、光盘等电子出版物，都是出版物常见的呈现形态。

1.2.2　出版物分类

（1）广义出版物

根据联合国教科文组织的规定，出版物包括定期出版物和不定期出版物两大类。

定期出版物：分报纸和杂志。报纸按时间分为日报和非日报。凡每周出版4次以上的为日报，不足4次的为非日报。报纸又可分为内容广泛、供广大群众阅读的一般报纸和内容专门、供特定对象阅读的专业性报纸。杂志一般有周刊、旬刊、半月刊、月刊、双月刊、季刊、年刊等。年刊一般称年鉴。杂志也有个别不定期出版的。

不定期出版物：以图书（包括书籍、课本、图片）为主。不定期出版物主要指图书，图书一般与书籍为同义语，但在统计工作中，有时图书又作为书籍、课本、图片三者的总称。图书一般为不定期出版，但也有一些书事先规定大概出版日期、连续出版，称为丛书或丛刊。书籍又按页数分为两类：除封面外，正文页数超过48页的称为书籍，正文仅48页和不足48页的称为小册子。这种区分，由于比较烦琐，许多国家并不采用。同时，也不能把书籍和小册子理解为两个不相容的概念。实际上，小册子是书籍的一部分。不管页数多少，凡有封面并装订成册的都是书籍。无封面并不装订成册的挂图、单幅地图、单张图画（如宣传画、年画）等，都不算书籍。

（2）狭义出版物

该类出版物只包括图书和杂志，不包括报纸，因为报纸属于新闻工作领域，至于音像读物作为出版物，是否适当，也有不同意见。这些问题将在实践中逐步明确起来。

（3）传统出版物

该类出版物包括报纸、杂志和图书，都是印刷品。自19世纪末期发明留声机后，唱片的功用和生产方法，与图书相接近或类似，都是将精神产品转化为物质形态，制成原版，并加以复制便于在一定范围传播。因而唱片的生产也被称为出版，是出版物的一种。

（4）新型出版物

上述出版物均为印刷品。随着留声机、缩微成像技术、录音技术、录像技术和计算机的发明与应用，出现了新型的、非印刷品的出版物，即唱片、缩微胶片、录音带、录像带、光盘等，通称为缩微制品、视听材料和电子出版物，又合称为音像读物。随着现代技术的进步，出版物的物质形态和它所负载的内容将有许多新的发展。

当然还有其他分类，这里就不一一列举。

（5）独立出版物

近年来，市面上出现了很多"独立出版物"，又称"自出版""小出版"物，相对于传统的出版物来说，是一种"小众趣味"的出版物。大多数独立出版是一种兴趣化、理想化的出版行为，呈现阅读和生活的多面性。出版物一般以独立作者和艺术家的作品作为出版对象，这种独立性是相对于主流出版物而言的，没有急功近利的创作，此类出版物注重独创性的作品，具有稀少而重要的实验气质，大多是印量维持在几十本，最多也就是上百本的书籍，出于制作的考究以及印刷的工艺，投入资金较多。要想收回这些投入的成本，光从销售书籍和 CD 来看，不是没有可能，但时间上没有保证。这对于一家独立出版机构来说，意味着出版周期总是不可控而又充满风险。当今，许多独立出版机构已经意识到，独立的未来，绝非标新立异，亦非风行市场，而是坚持自己的品性，在既有的市场评价体系之外，给出独立的评价体系。

这里列举几家国外较为知名的出版机构，Nieves Books 是瑞士一家独立出版社，在独立出版业内很有名气，该出版社专注于艺术书籍和 zine（小众）杂志，从成立至今 20 年的时间里已经出版了超过 200 种 zine；RMM（Readymade Magazine）是香港的一本杂志，从 2005 年一推出就一直在香港以免费形式发行，在国外的一些独立书店也有销售。

在国内，"假杂志"是一家摄影和艺术宣传出版工作室，致力于中国年轻摄影师和艺术家的推广以及限量画册的制作、出版和发行，以及中国新摄影师的发现和推广；香蕉鱼书店（Bananafish Books）于 2010 年 1 月创办，是一个集创意、设计、生产为一体的工作室，还是一家专注于引进世界各地独立出版物的艺术书店。目前香蕉鱼主要是以出版艺术家、摄影师、插画家个人作品集、有趣的艺术项目为特色，采用书店、出版、设计和艺术印刷相结合的自我生产方式。

1.2.3 艺术书及艺术书展

艺术书指艺术家书、设计目录册、摄影图书、漫画、展览册以及更个性化的手工制作小册子等，作为呈现视觉艺术的一个载体，近十年来正在全世界当代艺术和书籍出版领域内蓬勃发展。这批新兴的出版人本身也是平面设计师、艺术家、摄影师或漫画创作者，他们以"书"为媒介，积极推广个人或同人作品。

当今视觉艺术领域，书的概念非同我们以往所理解的传统出版社大规模出版和流通的方式。此领域里的书以自出版和小出版为主，选题无须以市场为导向，流通以网络和特色艺术书店为主，对书的设计和印刷等表现手法更是体现了这个领域的自由。在新的艺术书籍出版的概念中，书更多是当作一件艺术品来遇见它的观众（读者）。

从事艺术出版和小批量册子发行的从业者数量与日俱增，进而发展形成了涵盖全世界各地的文化现象，十几年间让读者逐渐感受到了一个活跃新鲜、充满生机的个人（小单位）出版行业，并带动如书籍设计行业、艺术纸张应用、艺术书店，各类型的印刷、艺术衍生品的发展，以及各地艺术书展的出现。

对于很多个人创作者来说，自主的书籍设计和制作成为其个人艺术摄影作品推广的渠道。艺术家亲自做书，使出版人的概念开始发生变化。小出版和自我出版的过程，可概括为以下几个环节：个人作品—传播方式选择—书籍设计—印刷—装帧—宣传—流通。

世界上最著名的艺术书店之一——Printed Matter，第一次将以上几个环节中的流通整合成一个集合平台，在 2006 年推出了由其主办的第一届纽约艺术书展，该书展至今已举办十六届。

由 "Printed Matter" 带动的艺术书展从纽约这座城市开始向外拓展。十多年来，世界各中心城市的艺术书展蜂拥而起：2009 年开始的东京艺术书展，2010 年以后逐渐开始的 2012 洛杉矶艺术书展、多伦多艺术书展、OFFPRINT 伦敦艺术书展、OFFPRINT 巴黎艺术书展、温哥华艺术书展、首尔艺术书展，再到近三年逐步活跃起来的新加坡艺术书展、台北艺术书展等。

国内有名的艺术书展有：由杭州 DreamerFTY 梦场和上海民生美术馆主办的 abC（art book in China）艺术书展。该艺术书展始于 2015 年，致力于推广本土艺术家书和自主出版物，引入全球优秀的出版机构、作者并与其建立对话。媒体平台持续推送全球前沿的艺术出版资讯，以专业的观察与轻松的角度拓宽 "书" 的边界，得到了国内年轻人，特别是独立创作人的积极响应，展示了国内丰富的出版文化和书籍设计的多样性。

香蕉鱼和 "假杂志"，作为同时期成立的两个出版品牌，这几年积极活跃于艺术设计摄影出版领域，并与世界上其他艺术书展、艺术书店、独立出版单位有着紧密的联系和合作。这两家艺术出版单位从 2018 年至今已经举办了四届综合性质的国际艺术书展——"上海艺术书展"，与香港、台湾地区最活跃的出版单位共同展出，成为国内一个新的艺术出版和书籍展示平台和一年一届的艺术书展盛会。

2023 年 3 月第五届杭州不熟艺术书展在杭州良渚文化艺术中心举办，2023 年 4 月第五届上海艺术书展在上海地标性艺术园区 M50 创意园举办。

诸如成都艺术书展、南京艺术书展、武汉艺术书展等以国内其他城市命名的艺术其他书展成为艺术书展的一大特色。

不管是传统出版还是自出版，不管是艺术家做的书还是书籍设计师做的书，其界限和角色都开始变得模糊。

1.3 书籍设计类型

书籍设计类型一般包括图书设计、画册设计、杂志设计等。

1.3.1 图书设计

简言之，是对图书的艺术设计。具体地讲，图书设计是出版专业术语，是指图书的结构与形态的设计，是图书出版过程中关于图书各部分结构、形态、材料应用、印刷工艺、装订工艺等全部设计活动的总称。（图1-2）

1.3.2 画册设计

画册设计是从企业自身的性质、文化、理念、地域等方面出发，依据市场推广策略，合理安排印刷品画面元素的视觉关系，从而达到广而告之的目的。（图1-3）

1.3.3 杂志设计

杂志指有固定刊名，以期、卷、号或年、月为序，定期或不定期连续出版的印刷读物。它根据一定的编辑方针，将众多作者的作品汇集成册出版。定期出版的杂志又称期刊。

杂志设计中，版面设计、网络、字体和细节尤为重要。设计中要把握以下细节：

图1-2 《任意の点P》（日本）中村至男

图1-3 德国哈雷艺术学院学生作品

①要体现杂志自身风格，在连续性变化中体现整体统一感。

②整体协调，有层次感，简约大气。封面一般包含标识、刊名、期号、条形码等，不能太繁杂、花哨，便于读者识别，增强记忆。

③所有设计元素（图片、字体、字号、色彩等）围绕杂志内容展开。做到有明晰的视觉重点和层次感。（图1-4）

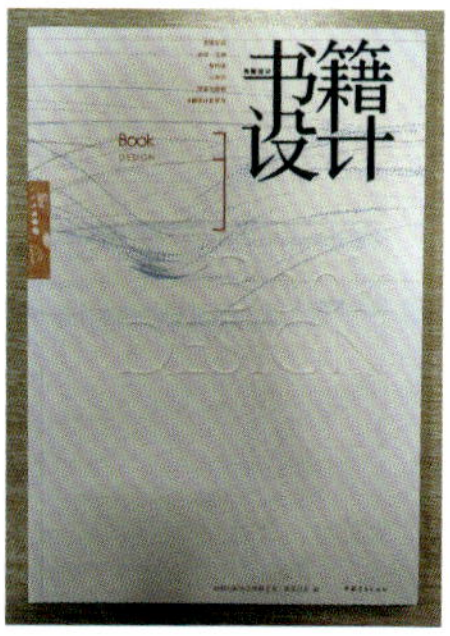

图1-4　《书籍设计》杂志

1.4　书籍设计的功能

书籍设计的功能表现为：实用功能、审美功能和商业功能三方面。

1.4.1　实用功能

从书籍形态的发展变化过程来看，从简策装书到现代的电子书，这些都是随着社会的发展，为了适应需要，利于实用而产生的。因此书籍设计有易于载录，方便翻阅、利于传播和识别、便于保护和收藏的实用功能。（图1-5—图1-7）

图1-6　佐藤雅彦的"长条书"

图1-5　《朱熹千字文》吕敬人

图1-7　生命之书

书籍的设计，其实就是阅读体验的设计，每本书都应该有它的样子，它为文本内容而存在，为阅读而设计。

书籍设计张扬文化气息，适应读者的需求，把握现代技术的运用，充分发挥数字化工具的优势，又不被其所束缚，淡化电脑的痕迹，追求返璞归真的书卷韵味和文化气质，当今广大的设计者们在以这种方式极力唤起人们对书籍文化的尊重。

如何在书籍装帧设计中弘扬民族文化，使之更有书卷气；如何实现书籍设计的外在美观与内在功能的和谐统一，使之更具品位，都是今天的书籍设计者去研究思考的问题。

1.4.3　商业功能

图1-14　国外绘本设计

随着现代印刷技术的发展和读者阅读层次的丰富，图书种类越来越繁多，竞争也越来越激烈，书籍设计的商业功能越来越凸显。这对书籍设计师素质要求越来越高，书籍设计师们在保证内容丰富的基础上，不断在书籍的结构外观、材质，以及书籍各部分版式等方面推陈出新，求新求异，吸引更多的读者。（图1-14）

在读者购买行为中不难发现，书籍的形式吸不吸引眼球，封面漂亮与否，常常会影响到读者的最后选择。但是，目前市面上也存在大量外观漂亮，但内容粗制滥造的书籍。同时，一些出版人认为，书是文字传达的载体，设计为其装扮一张漂亮的脸，吸引人的眼球即可，封面与书的内容相比无多少价值而言。有的出版人认为，为书买一张皮，封面设计的唯一目的是获取效益，哗众取宠，表里不一，过于强调外在的打扮，忽略书籍整体设计力量的投入。装帧界的误区是在封面设计形式上的争论不休。所谓繁复与简约、写实与抽象、传统与时尚、形而上与形而下，非此即彼。有人说，"没有设计的设计才是真正的设计"，也有人说，"封面设计就是把内容广而告之"……不以内涵分类，不以受众区别，高谈阔论设计形态规律是阻碍中国书籍设计艺术发展的意识误区。

一味追逐书籍的经济效益，只能适得其反。如果出版商换种思维，把书籍设计看成促进销售的催化剂，那绝对是真正的价值提升。一本能让读者珍藏的书，在于其由外至内整体艺术设计所酿造的美，只有这样，书籍自身的价值才能得以完美呈现。（图1-15）

图1-15 《诞生》 （日本）驹形克己

1.5 中外书籍装帧设计的历史演进

1.5.1 中国书籍装帧设计的历史演进

书是人类文明的载体，它借助文字、符号、图形，记载着人类思想、情感，叙述着人类文明的历史进程。

我国是一个历史悠久的文明古国，有着源远流长的灿烂文化。书籍的产生和发展即是文明发展的标志之一。书籍的历史，实际上反映了人类社会的发展史，并且书籍随着人类社会文明的不断发展与人类的关系越来越密切。中国书籍装帧的起源和演进过程，至今已有两千多年的历史。在长期的演进过程中逐步形成了古朴、简洁、典雅、实用的东方特有的形式，在世界书籍装帧设计史上占有重要的地位。

书籍装帧隶属于艺术范畴，在研究书籍装帧艺术的同时，应该考虑到不同时代语言、文字、文学、艺术、科学技术的发展，在不同的历史时期，书籍具有特定的装帧形态。

（1）初期阶段

书籍的初级形态指早期的文字记录，或者说是档案材料，如结绳书、契刻书、图画文书、陶文书、甲骨文书、金文书、石刻书等，它们具有书籍的某种因素，因此可以把它们称为初期书籍。

13

①结绳书

《周易·系辞下》云："上古结绳而治，后世圣人易之以书契。"在远古时代，生产力非常低下，先民们为了交流思想，传递信息，用绳子打结来帮助记忆或示意记事，有研究者指出，以一定的绳结和一定的思想联系起来，成为交流思想的工具，结绳可以保存，可以流传，所以结绳在某种意义上讲，就具有了后来书籍的作用，而成为文字产生的先驱。（图1-16）

②契刻书

在我国少数民族中还流行过刻木记事。先民们在木板上刻上缺口（符号），有的则契刻在竹片、骨头上，刻口的深浅和不同形状，包含的意思各不相同，缺口刻得深的，表示重大事件；刻得浅的，表示事件较小。虽然不是文字，但在某种意义上起着文字的作用。（图1-17）

③图画文书

图画是文字的前身，是远古人们交流思想的一种工具。我们的祖先用简单的线条将所看到的东西刻画在岩石上，传达信息，交流思想，称为岩画。从图画的实际意义及它的历史作用来说，它起着书籍作用，是我国古代书籍的初期形态之一，故称为图画文书。（图1-18）

④陶文书

最早的陶器符号，是20世纪30年代初在山东章丘县城子崖文化陶片上发现的。陶器作为陶文的载体，在陶泥做的陶器上，刻上陶器符号，用火烧后，便形成陶文书，陶文书也是我国古代书籍的初期形态之一。（图1-19）

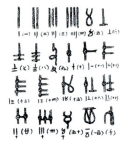 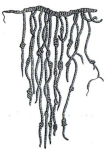

图1-16 结绳书　　　　　　　　图1-17 云南佤族过去使用的刻木

图1-18 内蒙古阴山新石器时代岩画　　图1-19 陶器上的彩绘和文字

⑤甲骨文书

距今 100 多年前在河南安阳小屯村出土的殷商时期的甲骨文书，这是我国古代书籍的初期形态之一。甲骨文书的承载物是甲骨（龟腹甲、龟背甲、牛肩胛骨）。这些甲骨文书大都用来进行占卜和刻记占卜情况。在龟甲的背面钻出圆形的深窝，或凿出梭形的浅槽，然后经过热烤，正面出现各种不同形状的裂纹，称为卜兆。占卜的记录称为卜辞，具有书籍的某种意味。

关于甲骨文书的装订，董作宾的《新获卜辞写本后经》里提到"穿孔的龟甲"，由此推想有可能是把很多龟甲串联成册后，有次序地保管起来。后来线装书的打眼，是受到甲骨文书装订方法的启示和影响。

甲骨文是我国古代书籍初期形态中最早出现的文字，由于书籍装帧形态受到文字形体和承载物的影响，甲骨文书在中国装帧史和文字史上都具有特殊的意义。（图 1-20、图 1-21）

图 1-20　刻有文字的龟甲

⑥金文书

在甲骨文书盛行的商周时代，随着青铜器的出现，有了在青铜器上铸刻的文字，这些文字称为"铭文"，也称为"金文""钟鼎文"。一个带铭文的青铜器，就是一本"金文书"。"金文书"的造型丰富多彩，千奇百怪，如果把金文书的造型叫作"开本"的话，金文书的开本可谓是装帧形态上最美、最独特的书。西周晚期的毛公鼎，其铭文长达四五百字。（图 1-22—图 1-24）

⑦石刻书（石玉文书、石碑文书、石鼓文书）

古人除在岩石上绘制图画文书以外，还在石头上写字或刻字，用以记载他们生活中的各类事件。如《石鼓文》、汉代的《熹平石经》等。从载体上看，虽然是取石为料，却是有意加工，造型似鼓，谓之石鼓文。刻在长方形大石上的叫石碑书。除了在石头上刻字，古人还在玉片上

图 1-21　商代牛骨刻辞

图 1-22　钟鼎文

图 1-23　毛公鼎

图 1-24　毛公鼎铭文

写字记事。这类文字记载虽然仍不同于后世书籍的形态和内容，但也同样具备甲骨文和青铜器铭文的记事性质，所以也应视为书籍的初期形态之一。

这些书无论何种形态，无论有无文字，无论文字的特点如何，都在记录着历史，表达着某种意思，在不同程度上，都起着书籍的作用。（图1–25）

（2）正规阶段

大量的学者认为，我国书籍装帧的正规形态是从简策书开始的，书的正规形态主要受着材料的制约，不同的材料会产生不同形态的书。这些形态包括：简策书（木牍书）、帛书、卷轴装书、旋风装书、粘页装书（缝缋装书）等。用料的顺序是：竹、木、缣帛和纸。材料的不同，也就产生了不同的装订方法。

①简策书

产生于约公元前10世纪的周代，盛行于秦汉。

简策，最简明的诠释就是编简成册之意。"策"是"册"的假借字，"册"是象形字，其形似绳穿、绳编的竹木简。

简策或简牍，是一种以竹木材料记载文字的书。用竹做的叫作"简策"，用木做的叫作"版牍"。一根写了字的竹木片称为"简"，它是组成整部简策书著作的基本单位，把若干简依文字内容的顺序缀连起来，就是"册"或"策"。可见"简策"的确切含义是编简成册的意思。

随着竹、木、帛等书写材料的出现，简策替代书籍的初级形态，古人书写于带有孔眼的竹木简之上，以篇为单位，一篇简策书写完之后，以麻绳、丝绳或皮绳作结。编简一般用麻绳，用丝绳的叫丝编，用熟牛皮的叫作纬编。简策书编好之后，以尾简为中轴卷成一卷，以便存放。为检查方便，在第二根简的背面写上篇名，在第一根简的背面写上篇次，类似今天书籍的目录页。卷起后正好露在外面，卷好的简捆好，放入布袋或筐，盛装简策的布袋称为"帙"。简策书籍的这种编连卷收的方法，是适应竹木简的特质而形成的特定形式，对后世典籍的装帧形式产生了极其深远的影响。（图1–26）

中国传统书籍竖写直行，从右向左读，在甲骨文书中首先出现，在金文书中得到延续，而在简策书中顺理成章，成为传统的排版形式，简策书中已涉及开本、版面、材料、封面、护封、环衬等现代意义上的名称，且装帧形态颇具规模，特征显著，由于简策书在历史上使用的时间很长，又是成熟的正规书籍的最初形态，对后世书籍装帧艺术的发展影响深远。

②帛书

在竹木简书盛行的同时，丝织品中的缣帛也用来制作书籍。《墨子·贵义篇》中"书之竹帛，镂之金石，琢之盘盂"语句，所谓的"书之竹帛"指的是将记载先王之道的文字书写在竹简上或缣帛上。帛书的承载物是缣帛，缣是一种精细的绢料，帛是丝品的总称，缣帛质地好，质量轻，但价格较贵，竹简虽沉重，但价格便宜，所以，常用竹简打草稿，用缣帛作为最后的字本。从春秋到东晋上千年的时间里，缣帛和竹简一样，成为普遍采用的制作材料。长沙马王堆出土的帛书，有的写在整幅帛上，以一条2.3厘米宽的竹片粘于帛书的末尾，然后以此为轴心将帛书从尾向前卷成帛卷，成为之后卷轴装书的雏形。

　　另外，当时的帛书是装在长方形盒子里的，用盒装书这在书籍发展史上是第一次。以后出现的函套书籍，都是受帛书盒子的启发和影响。（图1-27）

　　③卷轴装书

　　始于汉代，经隋唐五代，盛行于魏晋。

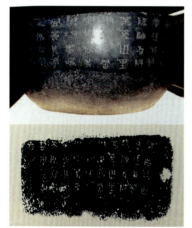

图1-25　石鼓及石鼓文

图1-26　简策

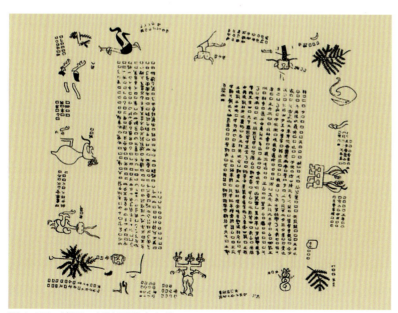

图1-27　战国·长沙子弹库帛书

随着社会的进步，科学技术的发展，纸的出现冲击了简策书和帛书，使书籍的承载物发生了根本性的变化，逐渐由用竹、帛等材料变为用纸，新的材料带来新的生命，带来新的装帧形态——卷轴装。

东汉时期（公元 105 年），蔡伦发明造纸术，纸的质量有很大的提高，已经开始用于书写，其形式为：将一张张纸粘成长幅，以木棒等作轴粘于纸的左端，比卷子的宽度略长，以边为轴心，自左向右卷成一卷，卷好后上下两端有轴头外露，以利典籍的保护。即为卷轴装书，也称"卷子装"。卷轴装书由四个部分组成，即卷、轴、褾、带，再加上印签、帙等附件组成。为保护典籍内容不受污损，卷轴装在正文第一纸前边还要粘裱一张空白纸，甚至粘接绫、绢等丝织品。粘接的这张空白纸或绫、绢，称为"褾"，也称为"包头""包首"。褾的右端接有不同材质和颜色的带，带的右端接有不同材质和颜色的别子，称为"签"。卷子卷好，褾在最外层，用带捆好，用签别住，才算完全装好。

卷轴装在一定程度上弥补了简策形式笨重、翻阅不便的弊端，但也有价格过于昂贵，普及性较差的缺点。卷轴装书籍发展到唐代以后，其制作工序复杂，在翻阅时需要展卷、收卷，阅读和使用上都很不便，于是出现了旋风装、经折装等书籍装帧形态。（图 1-28 ）

④旋风装书

旋风装由卷轴装演变而来，是一种特殊的装帧形态，旋风装书中出现页子，并双面书写，这对书籍装帧形态的演变有重要的历史作用。

旋风装书的形式是在卷轴装的底纸（比书页略宽的长条厚纸）上，将写好的书页按顺序自右向左先后错落叠粘，舒卷时宛如旋风，固其展开后书页鳞次栉比，状似龙麟，故称为"龙麟装"。

旋风装有自己独立的形态，书既保留了卷轴装的外壳，又是对卷轴装的一种改进，解决了翻阅麻烦的问题，对册页书的出现具有重要意义，它在中国书籍装帧史上、印刷史上都占重要地位。旋风装是根据自身特点而形成的一种不固定的、比较随意的装帧形式，因而在历史上也只是昙花一现，其可以看作我国书籍由卷轴装向册页装的早期过渡形态。（图 1-29—图 1-31）

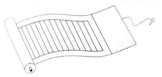

图 1-28　卷轴装

⑤粘页装书（缝缋装书）

粘页装书：将书页粘在一起，形成一册。（图1-32）

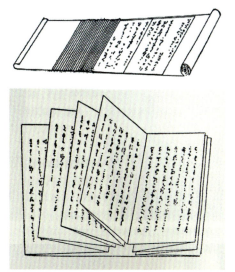

图1-29　旋风装

图1-30　《三十二篆金刚经》龙鳞装
张晓栋

图1-31　《红楼梦诗词》　经龙装　张晓栋

图1-32　粘页装

缝缋装书：这种装帧形态的书页多是把几件书页叠放在一起对折，成为一叠，几叠放在一起，用线串连，这与现代书籍锁线装订的方式非常相似，只是穿线的方法不太规则，这样装订的书多是先装订，再书写，然后裁切整齐。

缝缋装书对后来出现的蝴蝶装、包背装和线装书的打眼装订、锁线装订有一定的启发作用。（图1-33）

（3）成熟阶段

中国书籍装帧经过初期阶段、正规阶段，进入成熟阶段。这个阶段的书籍装帧形态主要是册页形态。通常以纸为承载物，从梵夹装书开始，经过经折装书、蝴蝶装书、包背装书到线装书为止，这些书，绝大部分都是雕版印刷的。

①梵夹装书

梵夹装原本不是中国古代书籍的装帧形式，而是古人从古印度传进来的用梵文在贝多树叶佛教经典装帧形式的一种称呼，又称为"贝叶经"。这种装帧形态的主要特点是：一页一页的单页，页和页之间并不粘连，前后用木板相夹，作为封面和封底，以绳穿订，目的是保护书页，这是最早出现的封面形式，并流传下来。（图1-34）

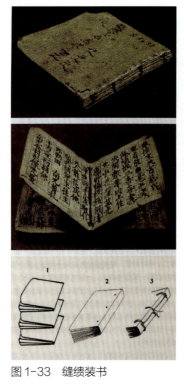

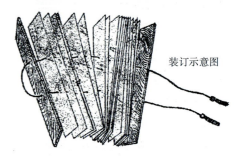

装订示意图

图1-33　缝缋装书　　　　图1-34　梵夹装

②经折装书

经折装书又称折子装。出现在 9 世纪中叶以后的唐代晚期，是在卷轴装的形式上改造而来的。唐代崇尚佛教，经折装主要是书写佛经，道经以及儒家的经典，故取"经"字，又因为这种书已由卷改变成折叠式书，故取"折"字，由此命名"经折装"。装帧的形式是依一定的行数左右连续折叠，最后形成长方形的一叠，前、后粘裱厚纸板，作为护封。经折装克服了卷轴装的舒卷不便的问题，大大方便了阅读和取放。经折装在书画、碑帖等装裱方面一直沿用至今。经折装的出现标志着中国书籍的装帧完成了从卷轴装向册页装的转变。经折装克服了卷轴装不易翻阅查阅的弊病，但也有翻阅时间长了，页面连接处容易撕裂的缺点。（图 1-35、图 1-36）

③蝴蝶装书

出现在五代，盛行于宋元代。

蝴蝶装书出现在经折装书之后，在唐代后期，盛行于宋代。是以册页为形式的最早的书籍装帧之一。北宋以后，雕版印刷的普及，为适应雕版印刷，又方便阅读的需求，"蝴蝶装"出现了。其形态为：将每一印刷页向内对折，文字内容在折缝左右各一页，打开后书页恰似蝴蝶两翼向两边张开，故称"蝴蝶装书"，又称"蝴蝶书""蝶装"。它是册页书的中期表现形式，开创了传统书籍装帧形态的先河。蝴蝶装是宋元版书的主要形式，它改变了沿袭千年的卷轴形式，适应于雕版印刷的特点，但也有版心易于脱落，阅读无字页面的缺点。（图 1-37）

图 1-35　经折装　　　　图 1-36　《兰亭序》　设计：刘晓翔

 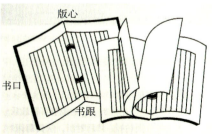

图 1-37　蝴蝶装书

图 1-38　包背装书

图 1-39　《新年册子》　设计：廖科平　指导：陈珈

④包背装书

包背装书出现在南宋后期，盛于元、明代，流行于清初。包背装是在蝴蝶装的基础上发展起来的一种装帧形式，是一种较为成熟的书籍形态。明代的《永乐大典》，清代的《四库全书》都采用的是包背装。

包背装书印刷页采用蝴蝶装的印刷页，版心左右相对，都是单面印刷，蝴蝶装折页是版心对版心，而包背装正好相反。既便于翻阅又更加牢固。

现代书籍在使用包背装形式时，往往利用其本身特殊的构造（纸张对折形成中空页）表达出设计者对于书籍内容的深刻理解，使人们在阅读的同时能够感受到一种令人愉悦的仪式感。（图 1-38、图 1-39）

由于包背装的书口向外，竖放会磨损书口，因此包背装书籍一般是平放在书架上。包背装书籍的装订及使用较蝴蝶装方便，但装订仍较复杂，且未解决脱页的弊端。为了解决这个问题，一种新的装订形式——线装逐渐兴盛起来。

⑤线装书

线装书是中国古代书籍装帧形态的最后一种形式。线装书起源于五代，盛行于明代，鼎盛于清代（自 1368 年始绵延至 1911 年，历时 544 年），至今仍使用。

这种装订形式在南宋已出现，明嘉靖以后才流行，清代普遍采用了这种装订方式。

线装书的印刷与包背装相同，都是单面印刷，装订折页也与包背装折页相同，不同的是折页口无包脊背纸，全书按顺序折好后配齐，然后前后再各加与书页大小一致的白纸折页作为护书页，最后再配上两张与书页大小一致的染色纸，也是对折页，作封面、封底用。在护书页前后各加一张，与书页折缝处同时戳齐，把天头、地脚及右边折口处多余的毛边纸裁切齐，加以固定，而后在离折口约四分宽处从上至下垂直分割打四个或六个空孔，用两根丝线穿孔；一竖一横锁住书脊，便形成线装书的装帧形式；这种装帧形式，是我国传统装帧技术上的集大成者。它既便于翻阅，又不易破散；既美观，又坚固耐用，所以能流行至今。因具有极强的民族风格，至今在国际上享有很高的声誉，是"中国书"的象征。

线装书分类：线装书有简装和精装两种形式。

简装采用纸封面，订法简单，不包角，不裱面。

精装采用布面或用绫子、绸等织物裱在纸上作封面，订法也较复杂，订口的上下切角用织物包上，最后用函套或书夹把书册包扎或包装起来。

线装书的封面设计：线装书的书衣（即"书皮"或现代意义的封面），一般也是折页，折的部分在书口，单页处用线锁住，书衣和书融在一起，改称"书衣"为"书皮"。

线装书的封面及封底多用瓷青纸、粟壳色纸或织物等材料。封面左边有白色签条，上题有书名并加盖朱红印章，右边订口处以清水丝线缝缀。版面天头大于地脚两倍，并分行、界、栏、牌。行分单双，界为文字分行，栏即有黑红之分的乌丝栏及朱丝栏，牌为记刊行人及年月地址等，并且大多书籍配有插画，版式有双页插图、单页插图、左图右文、上图下文或文图互插等形式。（图1-40）

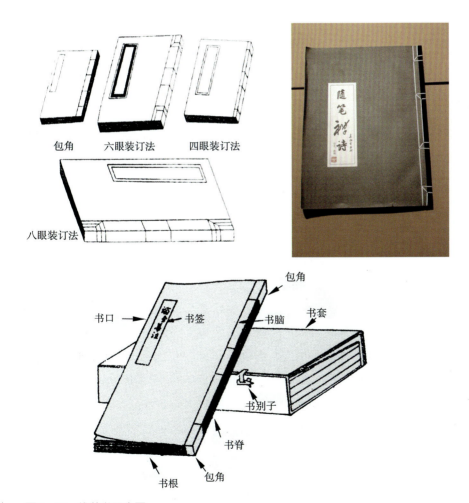

图1-40　线装书示意图

图1-41 《子夜》四合套 设计：吕敬人

图1-42 六合套

图1-43 《食物本草》六合套 设计：吕敬人

线装书的套函：

书套是中国古代书籍传统的保护形式，其制作材料主要用硬纸做成，包在书的四周，即前后左右四面，上下切口均露在外面，这种形式称为"书套"。

书套的开启处可挖成各种图案造型：月牙形、环形、云形、如意形等，称为月牙套、云头套等。

函是封闭的意思，以木做匣，用来装书。匣可做成箱式，也可以做成盒式。

函套、函盒就是用布套、锦套、木盒将书封函起来，免受尘封潮浸日晒。

四合套，就是切割草版纸与书的厚薄、宽窄、高低相一致，用布条将其粘连成型，再裹包布面或锦面，在左边书口一侧加连书别，将书的上下左右四面全部包裹，只露天头地脚，所以称为四合套。（图1-41）

六合套，如果将书的六面都包封起来，就称为六合套。（图1-42、图1-43）

线装是古代书籍装帧的最后一种形式，也是古代书籍装帧技术发展最富代表性的阶段。经过现代设计师的一些大胆演绎，线装书的运用范围大大拓宽了。

例如《灵韵天成》，是一套介绍绿茶的生活类的书，由敬人设计工作室著名书籍设计师吕敬人打造。出版社的定位是时下流行的实用型、快餐式的畅销书。全书透出中国茶文化中的诗情画意，该书装帧形式采用了线装书的装订方式，整体设计融合中国传统元素同时又富含现代视觉元素理念。全书完全颠覆了原先的出书思想，用优雅、淡泊的书籍设计语言和全书有节奏的叙述结构诠释主题。采用传统装帧形式，内文筒子页内侧印上茶叶局部，通过油墨在纸张里的渗透性，在阅读中呈现出茶香飘逸的感觉。线装书给人一种传统的感觉，很有历史感，在表现一些传统题材、民间艺术、历史文献等方面的书籍时，是一种很适合的装订方式，同时，线装书和其他的设计手段结合，如文字的编排、色彩的运用、纸张的选择等，能完美表现书籍内容。（图1-44—图1-49）

图1-44　《灵韵天成》书籍设计　敬人设计工作室：吕敬人＋杜晓燕

图1-45《根》刘腾文　指导：李昱靓

图1-46　《做：中国2021》书籍设计：PAY2PLAY

图1-47《捣腾》潘家园郗恩延　指导：王红卫

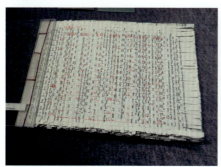

图1-48　荠菜种子·艺术家手作书实验展展览作品（2017年）

图1-49　线装书

（4）中国近现代书籍装帧设计艺术

中国近代书籍装帧设计起源于清末民初，随着新文化运动的兴起而兴起，由于新文化运动的推进以及西方科学技术的影响，西方的工业化印刷代替了我国传统的雕版印刷，以工业化技术为基础的装订工艺产生了，同时催生出了精装本和平装本，装帧方法也由此发生了结构层次上的变化，有了封面、封底、版权页、扉页、环衬、护封、正文页、目录页等。此外，新闻纸、铜版纸等纸张的应用，双面和单面印刷技术的实现，使这一时期的书籍装帧设计与过去比，无论从理念上还是从技术上都发生了翻天覆地的革命，中国的书籍设计艺术进入历史新纪元。

平装是铅字印刷以后近现代书籍普遍采用的一种装帧形态。其中出现了"锁线订""无线胶订""骑马订"等形式，这些装订方法将在第三章中介绍。

鲁迅不仅是伟大的文学家、思想家，也是中国近代书籍艺术的倡导者。当时受到西方文化的影响，鲁迅先生不仅亲身实践，设计了数十种书籍封面，还倡导"洋为中用""拿来主义"，既要学习西方的书籍装帧形式，又不失民族特色，针对书籍装帧他提出了一些具体的改革：一是首页的书名和著者题空打破对称式；二是每篇第一行之前留下几行空行；三是书口留毛边。并对封面、插图、书名、排版等非常重视。此外，他反对书版格式排得过满过挤，不留一点空间。鲁迅先生非常尊重画家的个人创作和个人风格，团结在他身边的陶元庆、丰子恺、钱君陶、陈子佛、司徒乔、张光宇等都是当时有影响的书籍装帧艺术家，对书籍装帧艺术的发展起到了积极推进的作用。（图1–50、图1–51）

1949年以后，出版事业的飞跃发展和印刷技术、工艺的进步，为书籍装帧艺术的发展和提高开拓了广阔的前景。中国的书籍装帧艺术呈现出多种形式、风格并存的格局。

20世纪60年代，我国的出版物品种单一，设计作品带有明显的政治倾向，印制粗糙，设计思路狭窄，口号代替了创作，书籍装帧行业一度跌入低谷。

到了70年代后期，书籍装帧设计事业得以复苏。30多年来，我国的书籍整体设计和封面设计已经比较成熟，虽然在印制材料、工艺、技术方面，与国际水平相比还有差距，但是在美术设计的立意、构图及绘制方面，具有中国特色。

进入80年代，改革开放大力推进了书籍装帧艺术的发展。随着现代设计概念、现代科技的积极介入，中国书籍装帧艺术更加趋向个性鲜明、锐意求新的国际设计标准。书籍装帧设计中融入了现代构成主义设计理念，以及国际化的设计风格，材料肌理的呈现，等等。

近年来，书籍设计艺术的设计氛围和学术气息空前浓厚，国内参与国际书籍设计赛事的书籍设计师愈来愈多，并频频获奖。例如，每年在德国莱比锡举办的"世界最美的书"评选活动，由德国图书艺术基金会、德国国家图书馆和莱比锡市政府联合举办，吸引了世界上几十个国家的图书设计艺术家参选。莱比锡"世界最美的书"评选代表了当今世界图书装帧设计界的最高荣誉，我国出版界与之渊源可谓深厚。1959年，我国第一次参加"莱比锡书籍艺术博览会"，上海出版界共获得金奖2枚、银奖3枚、铜奖3枚。事隔三十年后的1989年，上海书画出版社的《十竹斋书画谱》又荣获了图书设计艺术国家大奖。2003年，河北教育出版社的《梅兰芳（藏）戏曲史料图画集》荣获了唯一的金奖。

　　自2003年《梅兰芳（藏）戏曲史料图画集》荣获"世界最美的书"金奖至2022年，我国共获得"世界最美的书"各类奖项20多个。（图1-52）

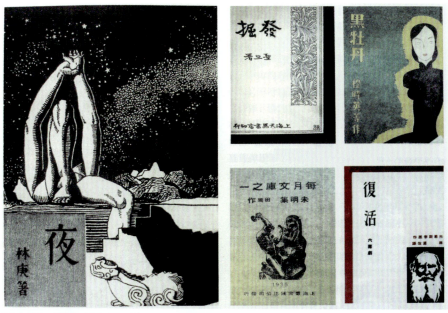

图1-50　民国时期封面设计

图1-51　《萌芽月刊》
封面设计：鲁迅 1930

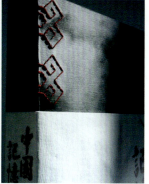

图1-52　《中国记忆》　设计：吕敬人

27

每五年一届的"全国书籍设计艺术展"、每三年一届的"中国政府出版装帧奖"评选以及每年一届的"中国最美的书"评选吸引了众多的书籍设计专业人士和爱好者参与，涌现了大批书籍设计优秀作品，为创造出属于新时代的中国书籍装帧风格，在世界书籍设计艺术领域确立中国书籍设计的地位，作出了功不可没的贡献！

1.5.2　国外书籍装帧设计历史演进

在书籍设计艺术发展的历程中，书籍的形态、装帧材料、装订工艺、印刷方式等因地域、文化和历史背景的不同而各具特色。

国外书籍装帧的原始形态可追溯到公元前 2500 年前后，古代埃及人抄写在莎草纸上的典籍。并从那时开始就把文字刻在石碑上，称为石碑书。公元前 2 世纪小亚细亚帕加马城开始制作的羊皮纸，在传入欧洲后得到大力推广，成为华丽的羊皮纸书。（图 1-53）

在西方，自从人类发明了纸张、印刷术后，书籍设计艺术得到了前所未有的发展。书籍装帧形式有哥特式宗教手抄本书籍、谷登堡的平装本、袖珍本以及王室特装书籍，接近现代的精装本形式是在 16 世纪的欧洲出现的。19 世纪末，工业革命之后，西方出现了以莫里斯、格罗佩斯为代表的，展露现代设计端倪的书籍设计艺术。

（1）国外书籍的早期形式

四大文明发祥地之一的埃及最早使用莎草（尼罗河流域的沼泽和湿地中的水生植物）茎制成的莎草纸进行书写，这是最类似现代纸张的材料，而纸张的英文（paper）就源于莎草纸（papyrus）一词。法国卢浮宫保存有距今 4500 年的埃及莎草纸卷。其具体做法是：将莎草茎切成小薄片，放入两块木板中，夹紧后再拍打，将书写的一面在浮石上打磨，使之光滑，然后再书写文字。

在美索不达米亚地区（今伊拉克），黏土从公元前 4 世纪开始作为书写用

图1-53　羊皮卷

的材料，当时是利用末端呈楔形的棍棒在黏土制成的板子上刻写符号，发展到后来就成了目前已知历史上最古老的楔形文字。在古巴比伦，古巴比伦人与亚述人用尖角的木棒把文字刻在泥版上，再把泥版放在火上烧制、烘干成书，书籍往往是刻有楔形文字的泥版，并注上页码。摩根图书馆（金融家皮尔庞特·摩根设在纽约的私人图书馆，誉为"文艺复兴时期的瑰宝"）收藏了许多距今上千年的美索不达米亚地区的楔形文字黏土板。图1-54的黏土板是以苏美语刻写于公元前21世纪的乌尔第三王朝，此块黏土板已经有超过4100年的历史。

那时就已经发明将写字用的黏土板插入黏土制的外盒，用来保存珍贵文件。可以说是世界上一种最早的文件保存用具，要利用和文件本身相同的材料来保护文件其实难度相当高，而且这种做法极富创意。

古埃及人、古印度人、拉丁美洲人把经文刺在树叶、树皮上做成书，并将树叶，树皮压平，切成一致的形状，装订成册，四周涂上金粉装饰，这种书被称为"贝叶经"。这些最初的书籍形式是今天书籍的祖先。它们主要是用于当时的统治者和贵族处理国家事务或其私生活的记载，而不是以传播知识为目的的著作，且不便于流传和保存。因此，最早的书籍雏形应该是从中国的简牍和西方的古手抄本开始的。（图1-55）

（2）欧洲的手抄本

欧洲的古手抄本产生于罗马帝国。"抄本"这种文件的形式和今日的书本相同，包含连续多张脊部固定在一起的纸页和封面，封面或多或少带有华丽装饰，精美程度依据文件的重要性而定。教堂和宗教团体在文字和书籍的发展过程中起了重要的作用。他们把文字和书籍看得相当神圣，把书籍看作神的精神容器，因此不惜工本地加以修饰，包括彩绘、插图、花体文字和装饰纹样。不同的书本运用多种不同的创新技法和装饰技术，开始进行现代所谓的"装饰"，而装帧书封兼具双重功能：一是封面可用来保护内部的书页，二是也能提升书本的地位并且起到加固的作用，便于阅读或随身携带。当时发明了各种具有保

图1-54　黏土板

图1-55　贝叶经

图1-56 14世纪的英文手稿

图1-57 《林道福音》

护功能的用品，通常是在木板上加覆皮革、布、金属或其他适合的材料。用这种牢固耐用的独特木盒装书既方便使用者辨认盒中文件，同时也有助于保护内容物，这种木盒结构有不少会以金属零件加固或锁住，另外，周边也留有足够的空白部分可供发挥创意添加装饰。（图1-56）

欧洲的许多国家先后产生了十分绚丽的抄本书籍，产生了卡罗林和哥特艺术风格的书籍，哥特字体相应产生，主要在宗教书籍中使用。摩根图书馆在1899年购买了第一本中世纪彩绘手抄本，这本9世纪时成书的《林道福音》，除了内页制作精美，最特别的是，封面与封底都是由金、银、珐琅与珠宝镶嵌而成，精致华丽的程度可视为书籍装帧艺术的极致典范。值得注意的是，封面与封底皆非为内页手抄本定制，而是由不同时期的不同工匠所完成的。事实上封底的诞生甚至比书页要早了约100年。至于何时封面与封底合而为一？装订者又各为何人？皆无可考。但从书籍的印鉴可知，两者在1594年已经共存了。（图1-57）

抄本不只是今天书本的鼻祖，其他如活页本、文件夹以及各种规格的现代文具用品也都源于此。

公元1世纪末，希腊诗人荷马和罗马诗人弗尔基的书籍，就是以古手抄本的形式出现的。到中世纪左右，因羊皮纸质地柔软，书写均匀，能够用斜切的鹅毛笔代替灯芯草笔和石笔书写，得以广泛应用。

（3）古登堡时期的书籍艺术

15世纪前后的欧洲，由于经济和文化的迅速发展，手抄本已无法满足日益增长的社会需求，随着中国活字印刷术的传入，欧洲的印刷术有了新的发展。德国的古登堡将胶泥木刻活字改良成金属活字、铅铸活字，同时发明了木质印刷机，大大提高了印刷的速度与质量。这一重要的改进与发明使欧洲摆脱了中世纪手抄本时代，印刷业得到迅速发展。很快，古登堡的活字印刷术在欧洲传播开来，并得到广泛应用。古登堡用活字印刷术印刷的第一本完整的《圣经》，文字分两栏编排，版面工整，插图与文字结合在一起进行编排，使阅读更加愉悦，具有一定的趣味性。古登堡《圣经》是西方活字印刷术于15世纪中叶发明后，最早生产的书籍，它不仅象征了文明的大跃进，本身也是一件艺术品，全世界仅存四十余部。（图1-58 ）

图1-58 古登堡用金属活字印刷的第一本完整的
书籍

图1-59 古登堡《圣经》

1896年，摩根向英国伦敦古书店"莎乐伦"购买
了第一部古登堡《圣经》，书页是羊皮纸，上面有手绘
的彩色花纹装饰。（图1-59）

图1-60 《建筑四书》 帕拉迪欧

古登堡创建活字版印刷术大约在公元1440—1448
年，虽然发明活字版印刷术比中国晚了400年之久，但
是古登堡在活字材料的改进、脂肪性油墨的应用，以及
印刷机的制造方面，都取得了巨大的成功，从而奠定了
现代印刷术的基础。各国学者公认，现代印刷术的创始
人，就是德国的古登堡。

古登堡印刷术的发明进一步促进了书籍大量生产，与前期的
手抄本书籍相比，虽然书籍形式千篇一律，但版面的整体性特点
非常明显。古登堡的活字印刷术先由德国传到意大利，再传到法国，
到1477年后已传遍欧洲了。

（4）欧洲文艺复兴后期至18世纪的书籍艺术

欧洲14世纪开始了文艺复兴运动。人文主义是文艺复兴时期
的思想纲领，于是书籍内容从固有的宗教内容的传播，转变为自
然科学书籍、医药书籍、文法书籍、经典作家出版物以及地图等
知识书籍的传播和发展。书籍的商品化促进了这一时期的书籍以
及书籍装帧设计的进一步发展和成熟。

16世纪意大利文艺复兴时期著名建筑师帕拉迪欧（1508—
1580）于1570年出版的《建筑四书》是西方最著名的一本建筑论述，
他自己设计了217幅细致木刻版画。（图1-60）

现代书籍设计艺术的萌芽以英国的威廉·莫里斯（1830—
1896）为开拓者。他是著名的诗人、政治家、建筑家、画家、书

法家和书籍工艺家。他为了复兴手工艺与倡导精致出版，于1891年创立了"凯姆考特印刷坊"，亲自进行设计工艺工作，他注重字体的设计，通常采取对称结构，形成严谨、朴素、庄重的风格。他设计的封面也十分优雅、美观、简洁，注重书籍的外表与内容的和谐，精神与艺术气质的统一，讲求工艺技巧，创作严谨，一丝不苟。短短六七年间，此印刷坊以手工印制了53部书（共69卷，约18 000册），书中的所有字体、版式、装饰花边皆由莫里斯精心设计。图1-61是由杰拉尔杜斯·墨卡托（1512—1594）出版的三巨册《宇宙地图集》，他也是史上率先使用Atlas这个字来表示"地图集"的始祖。

莫里斯将书籍视为艺术品般创作，印刷坊的登峰造极之作《乔叟作品集新印》（通称"凯姆斯考特乔叟"），由莫里斯亲自设计书中所有花边、字体与版式，书中87幅画出自他的莫逆之交爱德华·伯恩·琼斯之手。此书以函件的白色猪皮装订，压图图案则取材自莫里斯的一本15世纪藏书。（图1-62）

图1-61 《宇宙地图集》 杰拉尔杜斯·墨卡托

图1-62 《乔叟作品集新印》 莫里斯

（5）19世纪后期至今的书籍设计艺术

19世纪在工业化、民主意识强烈和城市化浪潮的推动下，工业革命的影响无所不至，书籍的印制量增长迅猛，这种产品明显能够吸引更多的消费者，因为它们价格更低，而且更为实用，但从前手制品的品质和独特性逐渐丧失，虽然传统书籍装帧工艺确实从未完全失传，但其地位已经被工业产品取代。此外，各种新材料的出现，以消费主义和量胜于质为基础的新思维兴起，趋势逐渐走向为大众提供产品，而不是为少数人提供精挑细选且品质优良的物品。以前书籍只有少数人能够使用，但现在却变得极为普遍，成为平民百姓都买得起的商品。

19世纪与20世纪的出版商大多采用纸张、纸板、布和之后兴起的塑胶作为大量装帧的材料，这是因为他们必须回应消费者对更便宜的产品的需求。一方面，品质不到爱书者藏书等级的装帧本多半只具有保护功能，无法兼具美观；另一方面，由于摄影和印制品变得极为普遍，照片和图片就成了装饰大部分书籍封面的理想材料，而发展出的成品之一——封面纸套就是以装饰功能为主的装帧用品。

莫里斯倡导的"工艺美术运动"在欧美各国得到了广泛响应，影响着书籍装帧艺术的发展。激励了欧洲许多国家以及美国为提高书籍设计艺术的质量做出不懈的努力。同样，19世纪末20世纪初在欧洲和美国产生并发展的一次影响深远的新艺术运动，成为传统设计和现代设计之间承上启下的转折点。

各种艺术流派不断地冲刷着书籍设计艺术的发展，也形成了各种风格的书籍设计艺术。

青年风格产生于1876年后的德国，这种风格精炼地综合历史上各种风格的艺术形态，并在20世纪30年代影响了中国的书籍面貌。（图1-63）

图1-63　青年风格书籍设计　《哈姆莱特》克赖格（德国）设计

构成主义始于1917年俄国十月革命以后，是一种理性的和逻辑性的艺术，讲究组合变化。其提倡者是苏联人李捷斯基（1890—1941），他的观点很快影响了许多国家。（图1-64）

德国人约翰·契肖德深谙构成主义的精神，并进一步发展为新客观主义，成为现代书籍艺术的里程碑，新客观主义的基本原则是：彻底脱离传统的版面设计，绝对地不对称，强烈的明暗对比，拒绝使用装饰设样，用粗体字作为重点字体，运用块面和粗线条突出主题。它强调版面设计的功能，要求每件设计都是有趣的和有独到之处的，并且应用适当的形式来寻找版面与内容以及作者与读者之间的紧密联系。（图1-65）

以蒙德里安和杜斯伯格为代表的荷兰风格派于1917年形成，影响力巨大。（图1-66）

  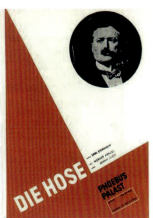

图1-64　构成主义风格书籍设计　图1-65　新客观主义书籍设计

图1-66　杜斯伯格及1917年创办的杂志《风格》

20世纪40年代，纽约平面设计流派注重简洁、明快，且不失浪漫和幽默的风格特征，以保罗·兰德为代表的杂志封面设计最为典型。

鸟类学家兼画家约翰·詹姆斯·奥杜邦于1827年至1838年间在英国出版了四册巨幅的绘本《美国鸟类》，内含四百多张铜版画，都是以奥杜邦的原版画为底所印制，然后手工上色。由于奥杜邦是按鸟的原始尺寸绘图，书页尺寸超大，平均约为97 cm×64 cm，此套"巨著"出版不到两百部，为史上最著名的鸟类绘本。2010年12月7日，拍卖公司"苏富比"以732万英镑卖出一部，不仅创下此书最高的销售纪录，也成了史上最昂贵的一部印刷书。（图1-67）

西方有些人专爱收藏这类比拇指还短的袖珍迷你书，甚至还成立俱乐部。这些迷你书确确实实有文字或图像，只不过视力不佳者恐怕得用放大镜才行。（图1-68）

对于大多数藏书家而言，书的外在美与内在美都同等重要。图1-69所示为英国桂冠诗人丁尼生的著名诗篇《白日梦》，这是一本装饰性极强的彩绘书。

现代人对于免费的公共图书馆早已视为当然，而在西方，早期图书馆要么归私人所有，要么仅限于达官贵人使用。直到18世纪后，所谓的"流通图书馆"才开始盛行。流通图书馆指的是一些商行提供书籍在阅读者间流通阅读，但读者必须缴相当高的会员费，很类似于现今的租书店。图1-70中这张19世纪的图画，标题就是"流通图书馆"，那个全身上下由书构成的女人，象征着书籍会走动。

图1-67　《美国鸟类》　约翰·詹姆斯·奥杜邦

图1-68　袖珍本

图1-69　《白日梦》

图1-70　流通图书馆

英国伦敦的查令歌斯路是著名的书街，街上除了连锁书店，还有多样化的主题书店。其中最吸引人的，则是一些专卖旧书的二手书店和古董书店。（图1-71）

《查令歌斯路84号》（又译《查令街十字路口84号》）一书有多种版本，包括英国版、美国版、精装本、平装本以及舞台剧的脚本等。所有版本的封面中，要数有着两个邮筒加邮戳图片的那款最让人印象深刻，英国版与美国版的出版是以此为封面，封底的黑白照片很清楚，可以看出是查令歌斯路84号的"马克士与科恩书店"。（图1-72）

已是三代经营的"史传德书店"，不仅是纽约市最大的二手书店，也是世界著名的文化地标之一，书店内外的标语都宣称店中拥有18英里长的书，许多影迷都喜欢到此取景。（图1-73）

（6）数码时代的书籍设计艺术

进入20世纪80年代，计算机广泛运用于设计界，使书籍设计进入了一个技术革新的全新时代。各种设计软件的辅助和数字媒体技术的渗透使得书籍从设计到出版发行都发生翻天覆地的变革。（图1-74）

图1-71　查令街的二手书店和古董书店

图1-72　《查令街十字路口84号》各版本

图1-73　史传德书店

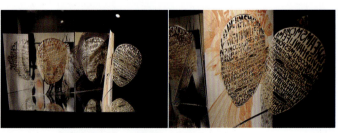

图1-74　《梦的实质》瓦莱丽·哈蒙德

1.6　发展中的书籍设计艺术

20世纪以来，书籍设计和其他领域一样，受到新观念、新材料、新工艺的渗透，书籍设计在形式上、功能上、材料上更趋多元化。

随着现代印刷工艺及材料科技的发展，每天蜂拥而至的信息不断地冲击我们的思想，书籍的载体已经由传统的纸张转向布、竹片、皮革、塑料等非纸质材料，印刷工艺也不断翻新，出现了油印、石印、铅印、胶版彩印、影印，以及静电复印等，在不断推陈出新的书籍设计的概念上，书籍设计者们不断地探索设计的创新性表现以及形态与神态的完美关系，阅读行为与设计技巧的关系，书籍设计与艺术观念表达的关系，设计出现了形形色色的书。现代电子技术和激光技术的广泛应用，更是使书的形式发生翻天覆地的变化，例如，电子书、会说话的书、能活动的书、立体的书等。

1.6.1　概念书设计

概念是人类对一个复杂过程或事物的理解，是抽象的、普遍的想法和观念。

比如对"书"这一概念的解释，每个人都有不同的解释，人们对这种抽象的界定为书籍设计提供了基本限定和无限宽广的创意发挥空间。从中国书籍形态发展的历史来看，书籍设计的形态经历了从竹简到卷轴再到线装书巨大的发展变化，每一种形态都为书提供了一种概念上的诠释。概念书设计是书籍设计中的一种探索性行为。现代艺术家和设计师将书的概念扩大，创造出具有试验性的艺术作品或设计作品。它强调独特的个性和前卫理论的运用。最为突出的就是观念的突破，设计师们在吸收传统设计优点的同时，大胆运用现代设计理论，以新的视觉、新的观念和新的设计方式不断提升书籍的审美功能与文化品位，使书籍的设计更加生动、鲜活，更加富有新意。它改变了人们对书籍艺术的审美和对书籍的阅读习惯及接受程度，从关注书籍的形态变为关注书籍的本质内涵。它利用不同的材料及各种特殊印刷、手工制作工艺等，为未来的书籍设计带来了重要的启示，它可以激发设计师的创造力，也可以对未来书籍的设计理论发展予以启示，甚至促进书籍设计印制工艺技术的发展。

概念形态的设计为书籍艺术提供了一种新的思维方式和各种可能性。概念书籍的创意与表现可以从它的构思、写作到版式设计、封面设计、形态、材质、印刷直至发行销售等环节入手；可以运用各种设计元素，并尝试组合使用多种设计语言；可以是对新材料和新工艺的尝试；可以采用异化的形态，提出新的阅读方式与信息传播接收方式；可以是对现代生活中主流思想的解读和异化；可以是对现有书籍设计的评判与改进；也可以是对过去的纪念或是对未来的想象；还可以是对书籍新功能的开发。在概念书籍的设计中无论是规格、材质、色彩还是开合方式、空间构造等都没有严格的规定或限制。因此，要求设计师必须有熟练的专业技巧、超前的设计理念，同时还必须有良好的洞察能力，需要站在更高的视角点上。书籍设计大胆的创意、新奇的构思往往能给人留下非常深刻的印象，有些书籍的形态超乎想象，这种概念书籍的特别之处在于它的外在形态与材质。.

材料的可塑性为书籍形态的隐性空间结构的设计提供了可能，也给书籍的造型带来了可发挥想象的空间。概念书籍的材料选择十分丰富。它既可以是生产加工的原材料，如金属、石块、木材、皮革、塑料、纸、蜡、玻璃、天然纤维和化学纤维等，也可以是工业生产加工后的现成用品，如印刷品、旧光盘、照片的底片、布料以及各种生活用品等，还可以通过各种实验来创造新的材料，如打破常规利用废弃的材料，使之构成新的材料语言，产生新的观念和精神。（图 1-75—图 1-79 ）

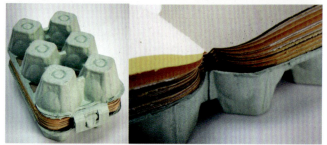

图 1-75　概念书

图1-76　能吃的书

这是 2004 年"国际吃书节"的作品，艺术家用饼干烘焙出一个故事，色彩协调，造型生动，跟真实绘本几乎没有两样。

图1-77　"禁书"

这本以铁钉穿刺、绳索捆绑、无法翻阅的书被称为"禁书"，是艺术家 Barton Lidice Benes 的杰作。

　　概念书籍集创意性、趣味性、时代性于一身，从书籍的结构、材料、印刷和阅读方式等方面打破传统，给读者以意想不到的创意点和崭新的视觉表现，它是对未来书籍所形态的探索和尝试。（图 1-80）

图1-78　火腿书（左）　蛋糕书（右）

这个由门德斯制作的火腿片笔记本，让人看了忍不住想翻开来，在上面涂抹一番，然后一口下肚。由黑尼斯制作的"蛋糕书"虽然美丽，但却不能持久，因此对于它将被肢解入肚，大家不必觉得心痛。

图1-79　左图是芝加哥人海沃特设计的面包书，右图为克雷格制作的螺旋装订书

图1-80 能吃的书 崔允祯

1.6.2 电子书设计

进入 21 世纪以来，随着互联网和现代通信电子技术的发展，书籍电子化的脚步加快，海量的信息容纳空间，轻薄、便携的阅读终端等一系列新技术、新设备的涌现，预示着全新的阅读时代的到来。电子书籍在继承书籍功能的同时摆脱了材料的约束，形成了一种独具特征的全新的传播媒介。计算机与上网观念的普及，为电子书的发展奠定了基础。

新闻出版总署将电子书定义为：将文字、图片、声音、影像等信息内容数字化的出版物以及植入或下载数字化文字、图片、声音、影像等信息内容的集存储介质和显示终端于一体的手持阅读器。电子书利用其丰富的多媒体信息和良好的互动性，能有效避免传统书籍只有静态的文字和图片的单一性，集多种感官刺激于一体，调动了读者的积极性，便于在移动设备上阅读，方便与人分享，储存容量大，无纸化传播，符合绿色环保要求等优势，被认为是书籍未来发展趋势。

电子书作为一种新型的阅读媒介，和传统纸媒相比，从阅读形式到出版都有很大的区别，它主要依赖于网络设备，采用二进制码以数字化结构的多元化形式来传播信息。目前，市面上的电子书一般有两种，一种指专门阅读电子书的掌上阅读器，一种指 E-BOOK。电子掌上阅读器是一种便携式的手持电子设备，专为阅读电子图书设计。E-BOOK 是将书的内容制作成电子版后，以传统纸制书籍 1/3 ~ 1/2 的价格在网上出售。电子书的主要格式有 PDF、EXE、CHM、UMD、PDG、JAR、PDB、TXT、BRM 等，现代很多流行移动设备都具有电子书功能。

图 1-81　电子书

电子书籍和传统书籍相比，也需要经过栏目创意、素材加工收集、文案撰稿、版面设计等几个阶段，在内容上和传统书籍一脉相承。但是电子书籍设计已经舍去了对纸张、印刷、装订和材料的设计需求，而诸如封面、版式、色彩、文字设计等要素仍保留，并加入了数字化图形图像设计、交互设计、声音设计等。（图 1-81）

电子杂志、电子书制作软件 iebook 超级精灵是全球第一家融入互联网终端、手机移动终端和数字电视终端三维整合传播体系的专业电子杂志（商刊、画册）制作推广系统，是一款可以在手机上浏览的电子书制作软件。

iebook 革命性地采用国际前沿的构件化设计理念，整合电子杂志的制作工序，将部分相似工序进行构件化设计，使得软件使用者可重复使用、高效率合成标准化的电子书；同时软件中建立构件化模板库，自带多套精美 Flash 动画模板及 Flash 页面特效，软件使用者通过更改图文、视频即可实现页面设计，自由组合、呈现良好制作效果；软件操作简单方便，可协助使用者轻松制作出集高清视频、音频、Flash 动画、图文等多媒体效果于一体的电子杂志（商刊、画册）。

ie 视窗系统的操作界面风格更切合用户习惯，能让用户迅速掌握使用。软件制作成品能直接生成四种传播版本，包括独立EXE 文件或者直接浏览 web 在线版本。ie 生成的杂志不需要任何阅读器或插件就可直接观看，这已成为电子杂志、电子书业的风向标。

电子书的市场发展一定是随着互联网发展，随着互联网文学不断发展，随着电子产业发展，随着未来区块链技术以及元宇宙发展，随着数字影像相关技术发展。就文件格式和阅读器来说，会有更多形态、场景和应用以及消费机会，更多优质的 IP 内容不断增加，电子书阅读器产品设备功能不断完善，更多消费者在选择阅读载体时将更倾向于电子书阅读器，行业将进入发展的成熟时期。2018—2023 年电子书市场行情监测及投资可行性研究报告指出，2021 年我国成年国民综合阅读率为 81.6%，其中有 45.6% 的成年国民倾向于"拿一本纸质图书阅读"；有 30.5% 的成年国民倾向于"在手机上阅读"；有 8.4% 的成年国民倾向于"在电子阅读器上阅读"。电子书媒体的崛起不停地冲击着纸媒市场，在激烈的社会竞争中，人们阅读纸媒的时间越来越少，电子书出版的版权消费成本等问题是当今亟待解决的问题。

面对多元阅读的新世纪，尽管书籍的载体及形态发生着巨大的改变，但在当前及未来相当长的时间内，以纸张为基本材料，以印刷技术为实现手段的书籍在书籍市场中仍占主导地位，本教材论及的内容也将针对这类书籍而展开。

1.6.3 新材料、新工艺、新创意的渗透

现代出现了很多新兴材料都是前人根本想象不到的，这些材料有别于传统的纸张，也带来了新的挑战，将商品个性化的需求带到前所未有的新高。激发出一些有趣的发明，为封面、封套和类似物品赋予个性风格也就有了无穷的可能性。

现代人们在装饰各类书籍或为其赋予个人风格时会自发地采用新的艺术处理技法，无论这些书籍是商用、自用或是贩售，都具有相当独特的外观。20 世纪还有其他艺术技法也能作为现代装帧工艺的灵感来源，比如很多当代艺术家使用的混合材料技法。再有很多书籍艺术作品俨然艺术品一样，崇尚个人主义而非遵循特定的风格或运动，其实，这些行为都是对工业制造和大批量生产的反叛。对于现代书籍设计者而言，能游刃于艺术和技术之间进行书籍设计，才能创作出极具生命力的作品。

21 世纪的艺术提供了很多新范例和新风格，绝对值得与古典艺术并列为创作时的灵感来源。伴随新材料、新工艺的出现，设计师更应突破传统的设计理念，充分利用这些新科技设计出更加新颖、独特的书籍。（图 1-82）

图 1-82（a） 书籍的新创意

图1-82（b） 书籍的新创意

图1-82（c） 书籍的新创意

思考题：

1.在中国传统书籍发展史中，有哪些你最感兴趣的装帧形态？收集现代书籍设计作品中运用这些装帧形态的若干案例。

2.试分析莫里斯时期的书籍设计艺术作品的特点。谈谈其对现代书籍设计艺术的借鉴和影响。

3.德国古登堡时期的印刷技术对今天印刷技术的影响有哪些？

4.请分组探讨纸质书籍未来发展的趋势。

2|
书籍的整体设计

2.1 书籍视觉传达设计的四大要素

2.1.1 书籍文字设计

张守义和刘丰杰在《插图艺术欣赏》一书中云："书籍的基础是文字，文字是一种信息载体，书籍则是文字的载体，它们共同记录着人类文明的成果，从而传递知识和信息。"

文字是一种书写符号，也是构成书籍的第一要素。它既是体现书籍内容的信息载体，又是具有视觉识别特征的符号系统，不仅能表意，也能通过视觉方式传达信息，表达情感。文字的设计是书籍设计过程的重要环节。

设计师应把文字作为书籍设计的重要构成元素，要具有鲜明的特色与风格。通过不同字体的选择来引导读者阅读是一种理想的设计方式。文字本身也是一种艺术形式，无论汉字还是英文，都有俊秀、浑厚、奔放、柔和等风格，通过采用适用书籍的内容和风格的字体可控制读者阅读的舒适感、方向感和精密感。

（1）文字类型及特点

文字是书籍设计的最基本的元素，它在书籍内容中占了绝大部分，字体的任务是使文字能够阅读。字体在被阅读时往往不被人注意，但它的美感不仅随着视线在字里行间的移动过程中产生直接的心理反应，而且在阅读的间隙和翻页时起着作用。每本书不一定限用一种字体，但原则上以一种字体为主，其他字体为辅，在同一版面上通常只用二至三种字体。

书籍设计中文字的类型分为：印刷字体、书法艺术字体和变体字体。

①印刷字体

常用的中文印刷字体有：黑体、宋体、楷体、仿宋体。

黑体结构紧密，朴素大方，其特点单纯明快，强烈醒目，具有现代感，多用于书名及内文标题、小标题，或需强调的文字。（图2-1）

宋体笔画刚柔并存，端庄大方，棱角分明，横粗竖细、对比鲜明，在阅读性、印刷

图2-1 《昆虫记》内页 邢东羽
指导：李昱靓

效果美学方面都表现出了优越性，常用于正文。（图2-2）

　　仿宋体笔画隽秀清丽，精巧典雅，一般用于前言、引文、后记、注解、古籍、诗歌、说明、注释等。（图2-3）

　　楷体结构平直、规矩、严谨，其特点是字形古朴高雅，清秀挺拔。（图2-4）

　　字体易读性顺序为：宋、楷、仿宋、黑。

　　常见的英文印刷字体有：罗马体、方饰线体、无饰线体。

　　罗马体字体秀丽、高雅，与汉字的宋体结构相似。其特点是线条粗细差别不大，字脚呈圆弧状，多用于正文。（图2-4）

　　方饰线体出现在19世纪，早期主要运用在巴黎街头的广告，其特征是线条粗重，字形方正，字脚饰线呈短棒状，字形沉实坚挺，视觉效果醒目而突出，常用于标题。（图2-5）

图2-2　《文字设计在中国》 设计：潘焰荣

图2-3　《这个字原来是这个意思》　设计：尹琳琳

图2-4　《历史的"场"》内页版面楷体和罗马体应用　　图2-5　封面字体设计 孙佳心
设计：敬人设计工作室　　　　　　　　　　　　　　指导：李昱靓

图2-6 国外绘本内页字体设计

图2-7 《守望三峡》封面字体设计 设计: 小马哥 + 橙子

图2-8 《会唱歌的星星》封面字体设计 设计: 小马哥 + 橙子

无饰线体也叫现代自由体,笔画粗细一致,字脚无任何装饰,简洁、庄重、大方,具有现代感,常用于标题。(图2-6)

②书法艺术字体

书法艺术字体就是把书法艺术和美术字创作技巧糅合而成的字体,属于手写体范畴。拉丁文手写体常见的有哥特体、花体等。这类字体线条和字形结构充分体现个性化气质,具有强烈的艺术感染力和鲜明的民族特色,常用于标题或书名。(图2-7)

③变体字体

变体字体就是将基本字体经过艺术化处理变化而成的字体。(图2-8)

(2)书籍文字的运用原则

书籍文字的运用必须遵循"以变化求生动,以和谐出美感"的原则。

第一,一本书中,正文、目录、引文、注文等有区别地使用不同的字体与字号才会使版面生动活泼。

第二,一本书中,同一性质的文字,不能选择两种以上的字号、字体;注释、图表用字不能超过正文用字的字体;各级标题用字的字号必须符合大小有序的规则。

第三,标题一般不宜采用过于潦草或过于怪异难认的字体。短小的文字内容不宜采用粗壮、浓黑的字体。

第四,简单的直线和弧线组成的字体给人以柔和、平静之感;漂亮而优雅的"花体字",具有皇家贵族的高贵感觉;圆润、较粗的字体则显得有些卡通感。

字体的选择在设计师眼里往往是理解与直觉相结合,这种直觉取决于经验的积累。

文字的字体、字号、粗细、行距、字距的选择不同,在版式设计中形成的面的明度也有所不同,由此决定版式构成中黑白灰的整体布局。文字之间的字形大小变化和字体种类选择,使文字的设计反映出内容的因素,让读者从中品味出书籍的精神与内涵。

2.1.2 书籍版式设计

版式设计是书籍设计的重要内容,也是一种实用性很强的设计艺术,主要是以传达某种思想或认知为目的,因而和其他的报纸、海报、网页等设计种类相比，内容上更具持久性。

书籍的版式设计是指在一种既定的开本上，对书稿的结构层次、文字、图表等方面作艺术而又科学的处理，是书籍正文的全部格式设计。使书籍内部的各个组成部分的结构形式，既能与书籍的开本、装订、封面等外部形式协调，又能给读者提供阅读上的方便和视觉上的享受，所以说版式设计是书籍设计的核心部分。

一本书的版式取决于页面高度与宽度的比例关系。不同开本的书籍也可能采用相同的版式。按照惯例，书籍通常是根据下面三种版式作设计：页面高度大于宽度的（直立型）、页面宽度大于高度的（横展型），以及高度与宽度均等的（正方型）。

书籍并非瞬间静止的凝固体，所以在书籍内容传达的过程中要注意版式的视觉流程设计。视觉流程是一种视觉空间的运动，是视线随着各种视觉元素在一定空间沿着一定的轨迹运动的过程。视觉流程主要在于引导视线随着设计元素运动，有序、清晰、流畅地完成设计本身信息传达的功能。一本优秀的书籍设计应包含时间和空间两个方面，它们是贯穿书籍始终的一条脉络，是肉眼无法看到的。设计师需要把这肉眼所看不到的脉络转化为图形或形象化的语言展现在读者面前。因此，设计师需要利用版式中的各个组成部分相互联系、相互作用，创造出一个理性且富有设计情感的视觉环境，主观控制设计的内容与形式中相关联的各种元素，重新组合，使其脉络清晰、整体。（图2-9）

不管在中国还是在外国，书籍版式设计都是有章可循的。从现存的资料来看，中国最早的文字是甲骨文，甲骨文是单个的方块字，排列顺序从上而下，从右向左读，形成中国传统书籍的排版方式，直到清朝末年的线装书，可谓历史悠久，源远流长。现在出版的书籍，绝大多数采用横排，横排的字序自左向右，行序自上而下，横排形式适宜于人们眼睛的生理结构，便于阅读。（图2-10）

图2-9 《翻阅莱比锡：世界最美的书：1991—2003》版式设计 设计：瀚清堂 | 赵清＋朱涛

图2-10 《历史的"场"》内页版式设计 设计：敬人设计工作室

（1）书籍版式设计的风格

①中国古典版式设计

中国古典版式设计有着深厚的传统文化底蕴，历史悠久，样式多样。为后人对书写材料乃至新型版式的探索提供了历史传承的依据。

古典书籍装帧的版式设计最根本的任务是为读者提供阅读上的美感和视觉寻找上的方便。

自明代起，中国的文人喜好在书籍的天头地脚间书写心得，加注批语。故而线装书的形式大多具有版心小，天头、地脚大的特点，尤其是天头之大更是如此。直接在书上进行批注圈点已是明代文人的时尚，似乎不在书上注解、批释，一本书的版面就不够完整。当这种批注形式出现之后，版面形态便发生了变化，成为中国古籍版面编排的一大特色。古人的这种治学读书方式，为中国古典版面形态的形成创造了一个独特的艺术形式，它在世界古典版面编排史上独树一帜。（图2-11）

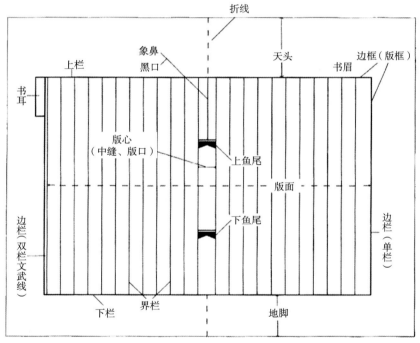

图 2-11　中国古代雕版书页的基本版式

②欧洲古典版式设计

自五百多年前，德国人古登堡确定欧洲书籍艺术以来，至今仍处于主要地位的是古典版式设计。这是一种以订口为轴心、左右页对称的形式，内文版式有严格的限定，字距、行距有统一的尺寸标准、天头、地脚、订口、切口均按照一定的比例关系组成一个保护性的区域。文字油墨的深浅和嵌入版心内图片

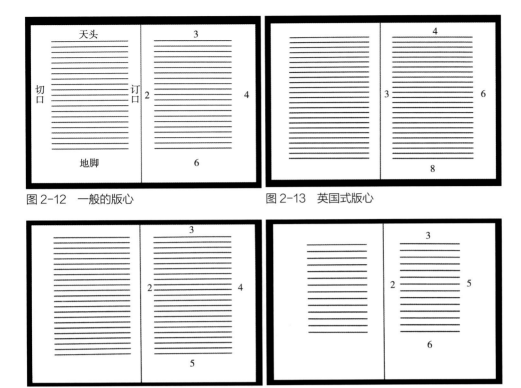

图 2-12　一般的版心　　　　　　　　　图 2-13　英国式版心

图 2-14　密排式版心　　　　　　　　　图 2-15　疏排式版心

的黑白关系都有严格的对应标准。

　　现代书籍的版式设计在图文处理和编排方面，大量运用电脑软件来进行综合处理，也出现了更多新的表现语言，极大地促进了版式设计的发展。（图2-12—图2-15）

　　③网格版式设计

　　网格设计产生于20世纪初，第二次世界大战爆发后，大量设计家逃亡至瑞士，并将最新的设计思想和技术带到了这个国家，网格设计理论在20世纪50年代得到了完善，其特点在于：运用数学的比例关系，通过严格的计算，把版心划分为无数统一尺寸的网格，将版心的高和宽分为一栏、两栏、三栏以及更多的栏，由此规定了一定的标准尺寸，运用这个标准尺寸控制和安排文本和图片，使版面形成有节奏的组合效果。

　　版式决定了书页的外缘形状，网格则是用来界定页面的内部区块，编排则决定了元素的位置。运用网格进行编排可让整本书的进行过程产生一致性，让整体样貌显得有条不紊。运用网格规划页面的设计者相信：视觉的连贯性可以让读者更加专注于内容，而不是形式。页面上的任何一个内容元素，不论是文字，还是图像，和其他所有元素一样都会产生视觉联系，网格则能提供一套整合这些视觉联系的机制。

辞典、百科全书、字典等工具书，通常会依照作者、编辑或者设定的某种分类原则循序排列。对于这种书籍，设计者的任务是确保书籍的设计足以呼应文稿的架构，并且能让读者便于使用。以参考书籍来说，视觉阶层要足以识别、彰显、呼应文字内容的阶层关系。范例中的行文排成两栏；红色曲线显示读者阅读一本以字母序编排的参考书，查找特定条目的正常程序。先利用页眉翻查、锁定页面，在页面中寻觅欲查找的条目，再进一步详读该段文字。

青色曲线则代表翻查一本不是以字母排序的工具书。或是经由目次或引索进行检索的视觉动线。辞典通常都是以引索为检索路径：先从引索查出特定页面，然后再列出条目。某些以字母序编排的参考工具书，则可能会像上图的范例一样，同时拥有两种检索系统。

人物传记或历史书等以大量文字为主题、只包含极少量图像的书籍，设计的关键是先设想怎样的阅读顺序最能让读者理解内容。为了加强图、文之间的关系，可以将图片的位置直接放在对照文字所在的文字栏之后。如果图片比参照文字内容更早出现，读者可能会摸不着头绪。也可将该幅图片置于该页的顶端或底端；利用左右余白空间，将图片与参照文字比肩放置；另以单页或跨页呈现图片。虽然上图范例是不对称网格，但对称网格也可以比照处理。

以文字为主要视觉要素，在设计时要考虑到版式的空间变化，通过文字分栏、群组、分离、色彩组合、重叠等变化来形成美感。此类版式适用于理论文集、工具书等。（图2–24）

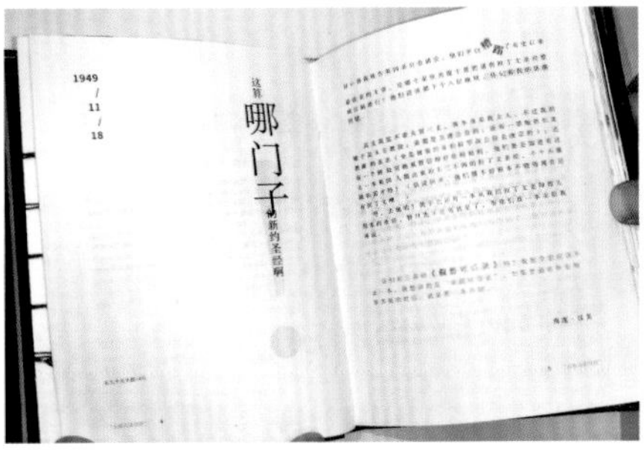

图 2–24 《见信如晤》 版式设计：陈斯楠 蔡利延 祁久墁 指导：李昱靓

②以图片为主的版式

以图片为主要视觉要素的版式，图片的形式有方形图、出血图、退底图、化网图等。所以在设计时要注意区分图片的代表性和主次性。

方形图是图片的自然形式。

出血图即图片充满整个版面而不露出边框的形式。

退底图是设计者根据版面内容的需要，将图片中精选的部分沿边缘裁切而成的形式。

化网图是利用软件减少图片层次的一种形式。

以图片为主的版式主要出现在儿童书籍、画册和摄影集等书籍。版式设计应注意整个书籍视觉上的节奏感，把握整体关系。（图2–25—图2–27）

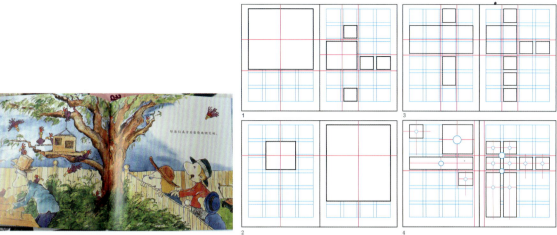

图 2-25　儿童绘本版面　　　　图 2-26　现代派网格体系中的编排

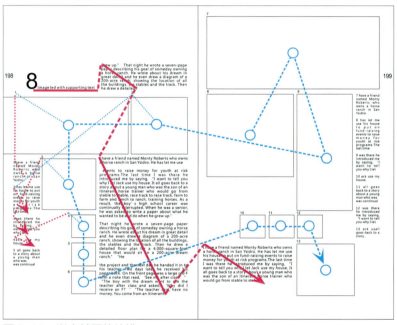

图 2-27　以文辅图的编排

以图片为主的书籍可能包含许多元素，这类书籍的跨页版面复杂度与其中的阅读动线都受设计者编排的影响。设计者必须尽力在页面上营造视觉焦点，引导读者进入跨页版面，就像观赏一幅画一样。各次要的图片则是用来衬托出主要的视觉焦点。

③图文并重的版式

图文并茂的书，一般图片具有很强的视觉冲击力并且占据了绝对的视觉注意力，有时图片的质量直接影响到版面的效果。在版式设计中，图片可以根据构图需要而夸张地放大，甚至可以跨页排列和出血处理，这样使版面更加生动活泼，给人带来舒展感；版式中的文字排列也要符合人体工学，过长的文字行

图2-28 《NO APOCALYPSE，NOT NOW》
内页版式设计：杉浦康平

会给阅读带来疲惫感，降低阅读速度。

图片和文字并重的版式，可以根据要求，采用图文分割、对比、混合的形式进行设计，设计时应注意版面空间的强化以及疏密节奏的分割。图文并重版式多用于文艺类、经济类、科普类、生活类等书籍。

现代书籍的版式设计在图文处理和编排方面大量运用电脑软件来进行综合处理，带来许多便利，极大地促进了版式设计的发展。（图2-28）

（3）书籍版式设计术语

①文字字号指印刷字体的大小级别。

号数制：初号、一号、二号、三号、四号、五号、小五号等。

点数制（世界通用）：点的单位长度为0.35毫米，例如，五号字为10.5点（P）。

级数制（照排时代）："级"的单位长度为0.25毫米，级数制采用的规格尺寸与号数制、点数制不同，所以照相字与铅字在尺寸大小上并不存在精确的对应关系，仅仅互相近似。

一般书籍排印所使用的字体，9P—11P的字体对成年人阅读最为适宜，8P字体使眼睛容易疲劳，儿童读物宜用36P字体，小学课本字体以12P、14P、16P为宜。

②字间距指行文中文字相互间隔的距离，字间距影响一行或一个段落的文字的密度。

③行间距指行与行之间的距离，常规的1/2字距，紧凑的为1/4字距。

④版心是页面的核心，是指图形、文字、表格等要素在页面上所占的面积。一般将书籍翻开后两张相对的版面看作一个整体，来考虑版面的构图和布局

的调整。版心的设计主要包括版心在版面中的大小尺寸和所在位置两个方面。

版心要根据书籍开本大小来确定，同时要从书籍的性质出发，本着方便阅读和节约纸张材料的原则，不但要寻求栏高与栏宽、版心与空白、天头与地脚、订口与切口之间的和谐比例关系，还要考虑到平订、锁线订、胶背订、骑马订等不同装订形式。

不同书籍页面内白边的宽窄都有所区别，不能同等对待。版心的大小一般根据书籍的类型来定：画册、杂志等开本较大的书籍，为了扩大图画效果，很多采用大版心，图片出血处理；字典、资料参考书等书籍，由于文字量和图例相对较多，应该扩大版心；缩小白边；诗歌，经典类书籍则采用大白边，小版心为好。

⑤版面中，四周的白边分别为天头、地脚、订口、书口（切口）。天头是指每页面上端空白区；地脚是指每页面下端空白区；订口是指靠近每页面内侧装订处两侧的空白区；书口（切口）是指靠近每页面外侧切口处的空白区。

⑥栏是指由文字组成的一列，两列或多列的文字群，中间以一定的空白或直线断开。书籍一般有一栏、两栏和三栏等几种编排形式，也有通栏跨越两个页面的。通栏多用于排重点文章；两栏的版面每行的字数恰到好处，最易阅读；三栏则用于排短小的文章。

通常情况下，不同类型的读物选择不同的分栏方式，一、两栏较为正式，具有一定的严肃性，如企业画册一般采用一栏或两栏形式；三、四、五栏多为杂志或灵活性读物，栏数越多，版面的灵活性也越大，每栏都可以呈现一个不同的内容，用来表现更活跃的内容。

⑦页眉是指排在版心天头上的章节名或书名，一般用于检索篇章，章节名或书名有时也放在地脚上。

⑧页码：用于表示书籍的页数，通常页码排于书籍白边外侧处。（图2-29）

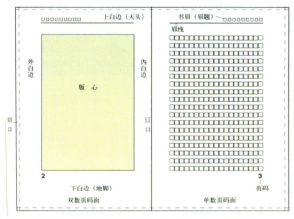

图 2-29 书籍版面设计术语示意图

（4）书籍各部分版式设计注意事项

①封面的版式设计要注重标题（书名）各图形在封面的位置，以突出封面作为书籍"脸面"的作用（图2-30）。

②内页的版式设计要注重主题形象的表现；图文在版面中的分割关系；强化以订口为轴的对称版式，外分内合，张弛有致；恰当、合理的留白能打破版面死板呆滞的局面。（图2-31）内页各部分版式设计也有各自的注意事项。

引文：选择的字体一般与正文不同（仿宋或楷体）。

注文：是书籍中的注释文字。有夹注、脚注（页下注）、章后注、篇后注、书后注等，一般用比正文略小的字号。

标题：必须依据书籍类别、开本、标题等级及标题用字原则来选择，除了醒目，还要兼顾到篇题、章题、节题以及引题、主标题、副标题等字体、字号的区别和联系，经典著作、法律、文学类等书籍，不宜选择过于艺术化的字体，开本相对较小的图书，则不宜选择较大的字级。

页眉：字号必须小于正文。

目录：又叫目次，是全书内容的纲领，设计要眉目清楚，条理分明，一目了然，页码可前可后，各类标题字体与字号顺次由大到小，逐级缩格排列，避免千篇一律。附录、索引、参考文献、后记、跋等都为辅文，它们都要编入目录，页码按正文排下来。

序文：一般"他序"放目录前（不纳入目录），自序多纳入目录，放在目录之后，但不能放在目录前又纳入目录，序言的标题按书的一级标题处理。附录：字号一般小于正文。

图2-30 《一岁一枯荣》封面 张一雅 指导：李昱靓（第四届全国大学生书籍设计大赛入选奖）

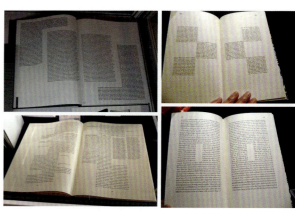

图2-31 各种版式设计样式

2.1.3 书籍插图设计

插图是书籍艺术中的一个重要部分，是插附于书刊或文字间的图形、图像，是将书籍中的文字语言转变为图形语言的造型艺术。从设计观念来看，插图是对书籍文字的形象说明，也是一种信息传达的媒介。插图可增强书籍的阅读趣味性，也可再现文字语言所表达的视觉形象，加深读者对文字的理解。（图2-32）

（1）书籍插图的分类

对于不同性质的书籍，插图都具有特定功能。在现代书籍中，按照插图的功能划分，大致可以分为文艺性插图、科技性插图和情节性插图。

①文艺性插图

文艺性插图主要适用于小说、传记、诗歌、散文、艺术、儿童读物等具有创作性的文学类书籍。插图创作者通过选择书中具有典型意义的人物、情节、场景，通过比喻、夸张和象征等多种手法营造出视觉形式与书籍内容之间的联系，使可读性与可视性结合起来，这不仅能加深读者对文本的理解，而且能促进读者阅读的兴趣，使书籍的艺术感染力得以完美呈现。

文学插图是文艺性插图的典型，包括题头插图、尾饰、单页插图和文中插图等。这类插图不是简单地看文识图，而是要经过再创作，使其具有艺术个性的感染力。（图2-33—图2-36）

图 2-32 《我的胡萝卜掉了》（成慧，指导：李昱靓，第九届全国书籍设计艺术展探索类入选奖）

图 2-33 《找你要的，赶紧啊》插图（德国最美的书）

图 2-35 《睡美人》插图

图 2-34 《小动物》版画效果插图设计

图 2-36 《帕西法埃》插图（马蒂斯）

图 2-37　klingspor 博物馆藏书

②科技性插图

科技性插图主要用于科学、医学、动植物学、建筑学、历史、地理、天文及工具类书籍。科技性插图主要起到图解的作用，以直观、清晰的图像形式帮助解释文字内容，弥补专业性和学术性文字难以表达的缺陷，为读者正确理解书籍提供了捷径。插图形象力求准确、清晰，所以一般采用写实的手法表现，并具有一定的艺术性。（图2-37）

③情节性插图

情节性插图主要是为了配合书籍内容的发展而设计的系列插图，具有情节的连续性、表现的一致性。以此类插图为主的书籍也叫作图文书或绘本书，例如，连环画、儿童图书等。在实际创作中，情节性插图需要根据文字内容中的情节高潮选择最具典型性的视觉形象进行创作，保证图文相符。创作时注意表现手法的一致性，保证书籍整体视觉风格的完整。（图2-38—图2-40）

图 2-38　《粮食的故事之一个馒头的故事》插图（李玉洁，指导：李昱靓）

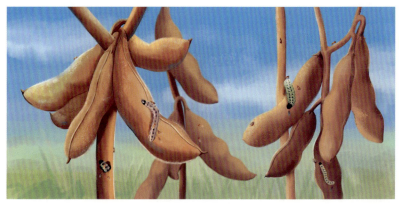

图 2-39　《粮食的故事之一杯豆浆的故事》插图（李玉洁，指导：李昱靓）

图 2-40 《蜜蜂总动员之酿蜜总动员》插图（向文月、程应红、林清涛、徐静，指导：李昱靓）

（2）书籍插图的表现手段

插图的具体表现手法要依据书籍的总体设计要求来决定。从插图的创作手法来看，主要有手绘表现、摄影表现、数码技术表现、立体表现等。

①手绘表现

手绘插图主要指那些以手工绘制方式完成的插图创作。可以利用铅笔、钢笔、油画颜料、水彩、水粉颜料、蜡笔、丙烯颜料、水墨等工具和材料，采用水墨画、白描、油画、素描、版画（木刻、石版画、铜版画、丝网画）、水粉、水彩、漫画等艺术创作形式进行创作表现。在风格上，无论是写实的、抽象的还是装饰的，力求和文字的风格、书籍的体裁相吻合，共同构建书籍的整体风格。（图2-41）

图 2-41 绘本插图

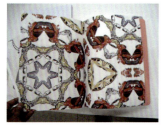

图2-42 《1大于1》（李悦瑾）

②摄影表现

摄影作为一种具有强大感染力的插图表现手法，通过光线、影调、线条、色调等因素构成造型语言，真实描绘对象的色彩、形态、质感、肌理、体积、空间等视觉信息，建立了视觉形象与书籍内容之间最直观、最准确的联系，书籍摄影插图的选择应该以更好地表现出对象主体的典型特征以及所处的环境和情感氛围为目标。（图2-42）

③数码技术表现

随着科学技术的不断更新，数码绘图工具呈现出应用越来越简单，价格越来越大众化的趋势，计算机绘图软件搭配手绘板创作成为插图创作的主流。通过设计软件强大的视觉处理能力，书籍插图作者可以随心所欲地创作出极富表现力的插图作品。（图2-43）

④立体表现

现代书籍设计的创作思维已经由传统的二维平面表现转向三维乃至四维空间的表现，即使是书籍中呈平面形态的插图也出现了立体化的趋势。许多儿童书籍或科普书籍，为了增加阅读的趣味性和直观性，往往会将插图印在利用模切技术形式的特定纸张结构的表面，随着阅读过程中书页的展开，呈现立体化的视觉效果，强化了插图的表现能力，增加了书籍的可读性。（图2-44）

图2-43 绘本插图

图2-44 《神奇的生命 我不要变大怪物》立体书

2.1.4　书籍色彩设计

在书籍设计艺术中，色彩也是形成书籍强烈识别特征的视觉元素。设计中通常是通过不同的色彩明度、纯度、色相的有机组合烘托气氛，形成读者对书籍的第一印象，激发购买的欲望。

通常色彩是赋予感情的，从某种意义上说，色彩是人性格的折射，因此色彩有时也可以直接展示出一本书的精神情感。色彩本无特定的感情内容，但色彩呈现在我们面前，总是能引起生理和心理活动，比如黑、白、黄等单调、朴素、庄重的色调可以给书籍带来肃穆之感。色彩的象征意义，是长期认识、运用色彩的经验积累与习惯形成的。

书籍色彩设计受到书籍主题、类型、印刷方式等多种因素的影响。

①根据书籍的主题准确地选择色彩。书籍的实际内容和所传达的内涵、著作者的文化背景、读者群的年龄层次等客观因素都是色彩选择的依据。例如，鲜明的色彩多用于儿童的读物；沉着、和谐的色彩适合于中、老年人的读物或历史题材的读物；介于艳色和灰色之间的色彩宜用于青年人的读物等。此外，书籍内容对色彩的也有特定的要求，如描写革命斗争史迹的书籍宜用红色调；表现青春活力的宜用鲜亮的色彩等。

②根据书籍的类型选择色彩。不同书籍都有其特定的读者群，书籍色彩的选择也要以读者为主体，研究他们的心理、情感、喜好等。

③需要考虑印刷的方式、油墨的性能、纸张材料的质地及承印效果、印刷成本等因素。

掌握好色彩的丰富表现力，在封面及整体设计中进行合理、有效的运用，就能创造出寓意深刻、创意独特的装帧效果，给读者以美的感受。（图 2-45—图 2-47）

图 2-45　立体书色彩

图 2-46　《每个晚上　我都在办画展》插图（苗倩）

图 2-47　《胭脂》内页色彩（张博翰，指导：李昱靓，第九届全国书籍设计艺术展探索类入选奖）

2.2 书籍设计流程及思维方法

一本完整意义上的书籍从书稿到成书，要经历策划、设计、印刷、装订等一个完整的过程。书籍设计的一般流程从学生设计实践和商业项目两个角度分别讲述。

2.2.1 学生书籍设计实践流程

（1）把握书籍内容

熟悉书名和文稿内容，找出文稿的特性。

研究文稿内容，使主题逻辑化、条理化，进一步概括出文稿的风格，继而确定设计风格。

（2）拟订设计方案

明确设计任务，安排总体设计步骤，合理调配素材和时间，拟定设计方案。

在书籍设计工作开展前，还需做好市场调查，获得准确的第一手资料，为后面设计打下良好的基础。

（3）绘制草图

①草图准备阶段

明确设计思路，确定需要设计的内容，尝试不同点、线、面、体、空间、质感、色彩等形式，形成书籍设计草图的构想，再从该书籍内容、特点、读者等方面进行分析。

②确定设计的内容

分析完该书的客观因素和设计任务后，需进一步确定该书的设计风格。根据设计命题和要求，确定该书籍设计的重要元素。再进一步考虑开本、封面、封底、书脊、环衬、扉页和页面版式具体如何设计。封面设计要关注主要元素：作者的名字和书名、编辑、出版社名、封面的图形等。封底要注意版本说明，如价格和相关信息等。最后是环衬、扉页和页面版式设计等内容。

③开始绘制草图

绘制封面、环衬、扉页的草图需确定出文字和图案的构图位置，简单勾勒出主体图案外形要求，为下一步收集素材作为依据。勾勒草图应考虑书籍主题形象的选定、书籍风格的趋向、书籍的整体色调等视觉要素。

（4）素材准备

此阶段要根据草图收集相关图片和文字素材（在设计书的封面和内容时所需要的文字和图像）。素材的收集要求把握统一的调子和格式，理性化地梳理信息，分类排列顺序，在分类中寻找与内容相符合的视觉符号。

（5）电脑加工制作

此阶段要求选择合适的软件，依据草图和素材，制作电子文件。书籍封面是设计的重点。

书籍装帧设计电脑软件有：PhotoShop，可进行图像编辑、图像合成、校色调色、特效制作等；Illustrator是矢量设计软件，该软件可以和Photoshop等软件优势互补，以达到综合处理图片和设计稿的目的；PageMaker提供了一套完整的工具，用来生产专业、高品质的出版刊物，通过链接的方式置入图的特点，可以确保印刷时的清晰度；InDesign博众家之长，从多种桌面排版技术中汲取精华，建立了一个创新的、面向对象的开放体系，大大增加了专业设计人员用排版工具软件表达创意和观点的能力。

（6）修改打印

此阶段的工作是修改电子文件，并根据具体厂家印前的要求，调整文件，以保证打印出的文件能最好地还原效果。

（7）手工制作

此阶段需要收集齐制作所需要的工具、加工打印后的书籍。手工制作需要的工具有画板、直尺、剪刀、裁纸刀、双面胶、硬的白卡纸等。

①首先将电子文件输出为成品。

②封面压膜（可以手工制作也可以用压膜的机器压膜）并裁剪掉输出稿多余的部分，如果有裁纸机的话，这个步骤就可以省略到最后一起裁边。

③折叠好封面样稿，整理好内页的页码和前后顺序，整理上胶，装订成书。

④为整套书籍的展示制作辅助卡片。

⑤布置书籍展示效果。

至此，一套完整的书籍设计实践作业就可以结束了。当然，一本好的书籍除了设计之外，制作成本、印刷技巧以及销售方式都是相当重要的，作为商业产物的书籍最终是需要市场考验的。这就要求学习书籍设计的同学除了在课堂上学好设计课程，还需要在将来的工作中积极地了解新知识，不停地充实自己。

2.2.2　学生设计案例

（1）案例一：《查令十字街84号》书籍再设计

该设计获第三届"东方创意之星"设计大赛省赛银奖。设计：向文月、程应红、李明月，指导：李昱靓（图2-48—图2-52）

查令十字街84号

设计说明　DESIGN INSTRUCTION

　　该书是以著名的《查令十字街 84 号》为蓝本进行的再创造，以文中男女主人公的书信往来为线索展开他们的故事。设计过程中我们采用中英对照并以书信为媒介，同时吸取《忒修斯之船》的批注形式，将该书重新定义为一本图书馆可借阅的平脊精装书籍。其中文本最大的亮点除本身书信以外还加入了大量旁白批注，而这些旁白全部精选自互联网读者们的所思所感，从而打造一个跨时空的对话，使得这本书更具亲和力和互动体验。在形式上我们采用"1+2"一本主书籍附加一本附录和一本书信精选，使得读者在阅读时交错阅读感受不同形态的书，从而激发阅读兴趣。

　　关键词：中英对照、纯手工平脊精装、读者与主人公的跨时空对话、"1+2"三重阅读体验。

　　关键语句："你们若恰好经过查令十字街84号，代我献上一吻，我亏欠它良多……"

　　关键时间：1949年10月5日—1969年4月11日。

元素提取　E1EMWNT EXTRACTION

纽扣　　　书单　　　红线

书信

伦敦建筑　　　书架

色彩搭配　COLOR MATCHING

● 红色：代表主动、乐于与人交往。因为海莲主动写信才使得与弗兰克一行人结缘。

● 棕色：代表稳定、可靠、值得信赖。如同他们双向的情谊稳定，第二层寓意弗兰克和海莲都是可靠温暖、值得信赖的人。

● 黄色：代表光、希望。与君初相识，犹如故人见。

字体运用　FONT APPLICATION

正文宋体

批注手写体

英文正文 Adobe 宋体 Std L

图 2-48　《查令十字街 84 号》书籍再设计 1

主书籍

展开图

封面　　　　　　　　　正庠页　　　　　　　书脊　　　封底

封面 FRONT COVER

采用大小书单前后叠加的形式相互呼应。除此在封面左侧用线与纽扣结合，寓意书中主人公相互牵挂相互牵引，巧妙地形成了封面和内容相互之间的纽带。

装帧 BINGING

纯手工、平脊精装：在脊背不作弬圆处理，书脊和外口均无圆弧，即中腰部分平齐，无沟槽状等，如同平装书背，但其他均是精装工艺加工的方式。

目录 CATALOGUE

打破传统的目录形式，以转盘来代表时间的年轮，每转动一格时间都在流逝，而转盘两端的弗兰克与海莲始终未见上一面。

材质 TEXTURE OF WOOD

牛皮、欧式风布料、红线、纽扣。

内容 CONTENT

主人公所在伦敦建筑作为底纹元素、中英对照、读者阅读时的所思所感形成跨时空对话。

卡片 CARD

将文中海莲看过的书选取部分制作成小卡片放在相应位置，所谈论书籍的延申了解、图文结合更具体形象。

末页 LAST PASE

采用借阅用书的形式，再次呼应了整套书借阅用书的理念。书中不同的借阅时期侧面表明该原著在书籍界的地位和反响从而致敬经典。

折页 FOLDING

对人物进行一个整体的介绍（人物简介）增添折页形态

图 2-49 《查令十字街 84 号》书籍再设计 2

图2-50　《查令十字街84号》书籍再设计3

图 2-51 《查令十字街 84 号》书籍再设计 4

图 2-52 《查令十字街 84 号》书籍再设计 5

（2）案例二：《查令十字街84号》书籍再设计

该设计获第三届"东方创意之星"设计大赛国赛金奖。设计：陈泓静、何艳、刘淑月，指导：李昱靓。（图2-53—图2-57）

该书设计亮点：

莫尼乌斯环似"数字8"，也代表"无限"，本书用莫尼乌斯环贯穿全书，寓意男女主人公的情感变化；用黑、白点（分别代表英国、美国）的循环运动展现他们从相识、相知、相吸直至"无限"绵延情谊的滋生。全书以书信为主，采用纸张上下折叠的方式增添书的趣味性，内页中的时间、竖线颜色由浅变深、由虚变实的变化，让读者从视觉上感受时间的推移，用疯马皮、美背缝线工艺进行封面装订，体现情谊无价和历史的厚重感，附有分别代表美国、英国两地的装饰扣，并用皮绳将其绕在一起，使该书具有珍藏价值。

视频2-1

视频2-2

图2-53 《查令十字街84号》书籍再设计1

图 2-54　《查令十字街 84 号》书籍再设计 2　图 2-55　《查令十字街 84 号》书籍再设计 3

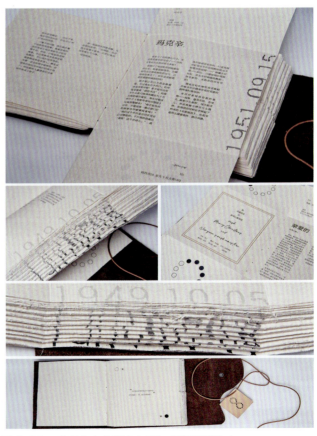

图 2-56　《查令十字街 84 号》书籍再设计 4

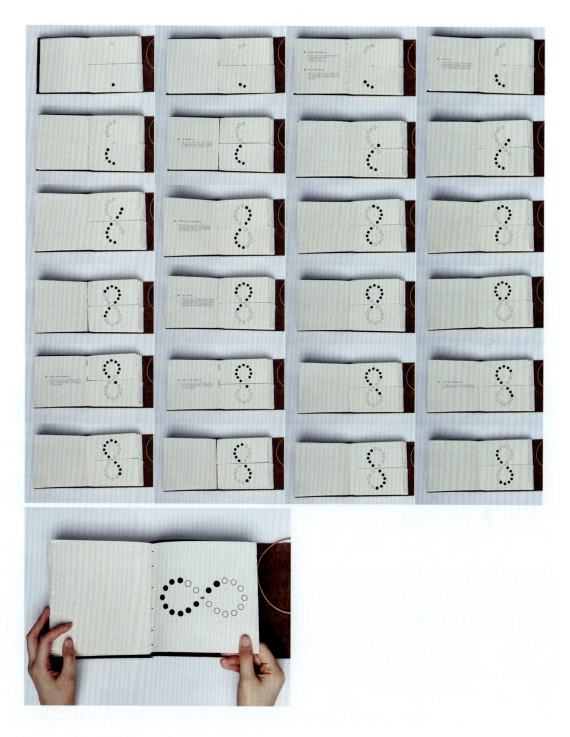

图 2-57 《查令十字街 84 号》书籍再设计 5

2.2.3 商业书籍设计流程

（1）文本梳理与定位

通过出版社、作者、设计师三方面的沟通，共同探讨书籍的主题内容，进一步理解和熟悉书稿，以寻求最佳的视觉切入点，确立设计理念，激发创意灵感，用最合适的形式去实现从文字语言到形象语言的转换。

（2）内容构架

设计者首先要与作者和编辑共同探讨本书的主题内容，围绕书籍主题相关的图片、图形、文字、数据等信息资料，在沟通的基础上根据书籍不同的命题以及类型来进行立意构思，做到与众不同。同时要根据书的性质、内容、读者对象、成本规划和设计要求等因素综合考虑采用何种形态，再进一步展开设计创作，赋予素材文化意义上的理解。设计时先根据文稿和相关信息资料进行创意定位，初步确定书籍的内外结构，设计风格与版面、开本、文字、图形、图像和色彩等元素，确立书籍内容传达的视觉化信息设计思路，编辑设计理念的整体运筹等。

（3）市场调研

在充分了解书籍内容，并有初步的设计定位之后，应着手同类书籍的市场调研。

①调研目的

通过收集有代表性的设计作品，并用科学的方法进行分析，以此为基础，为该书籍设计提供明确的方向和相关的参考依据。根据调研分析，确定书籍的设计方案，使之能够在众多书籍中展现出自己的特色。

②调研内容

市场上同类书籍的商品信息，包括书名、主要内容、定价等的调查；同类书籍的设计特点分析，包括书籍开本、色彩设计、版式设计等方面；可以借鉴的优秀书籍设计作品的分析；读者的阅读及使用习惯等。

③调研方法

文献调研法：文献调研法主要指搜集、鉴别、整理文献，并通过对文献的研究形成对事实的科学认识的方法。搜集书籍设计研究文献的主要渠道有：图书馆、学术会议，个人交往和互联网。

观察法：观察法是指研究者根据一定的研究目的，制订研究提纲，用自己的感官和辅助工具去直接观察被研究对象，从而获得资料的一种方法。

比较研究方法：比较研究法可以理解为根据一定的标准，对两个或两个以上有联系的事物进行考察，寻找其异同的分析方法。按照书籍设计调研目标的指向，主要采用求同比较和求异比较方法，求同比较是寻求同类书籍设计的共同点，以发掘其中的共同规律；求异比较是比较书籍的不同特点，从而说明它的不同，以发现书籍艺术设计的特殊性。通过对书籍的"求同""求异"分析比较，可以使我们更好地认识多元化设计结果。

（4）书籍整体设计流程

设计师在了解设计内容后，方可采用艺术形式来进行书籍设计并展现书籍内容。对封面、扉页、正文版式、书眉的设计等采用统一的视觉语言能实现对书籍内容的完美传达。在把握形态与风格的同时，制定书籍设计的整个规划是书籍设计成功的关键，设计主题是方向，书籍的各个组成部分的设计就是流程。

①审查、选定方案

方案的审查一般由客户和责任编辑、出版社总监共同选定。

②核查终稿方案

核查方案主要核查几项重点内容，包括：书名、作者名、出版社；正式出版的时间；开本数值；内文页码，确定内文纸的类型和克数，以便计算书籍的厚度；将要采用的印刷工艺与装订方式。

③书籍信息视觉化的设计

在书籍设计中，书籍结构的视觉设计最为重要的是编辑设计和与之相对应的内文编排设计，以及封面、环衬、扉页等全方位的视觉设计，通过视觉形象的捕捉和运筹来传达书籍内容的核心，形象思维的理性表达可以超越文字本身的表现力，从而产生增值效应。

④印刷制作完成阶段

在这个阶段制订实现整体设计的具体物化方案，选择装帧材料、印刷工艺和装订工艺等。首先审核书籍最终设计表现、印制质量和成本定价，并对可读性、可视性、愉悦性功能进行整体检验；同时完成该书在销售流通中的宣传页或海报视觉形象设计，跟踪读者反馈，以利于再版；审核色彩设计稿的最终设计质量并对其可读性功能进行检验。

因为出样效果与实际印刷效果会存在差异，所以在印刷前要先检查印刷效果，有三种办法：出胶片前先出质量较好的彩喷稿（便宜，但不太容易看得准）；印数比较多可用数码印刷先试印几张，确认后才出胶片，上机印刷；数量少直接用数码印刷，又快又便宜。检查后在保证文字、线框、图形、色彩准确无误的情况下，交制版公司进行彩色打样。打样后，对打样品进行校对，更改误差以保证书籍品质，最后交付印刷厂正式开机付印。

2.3 书籍设计的"内外兼修"

通常，一本完整的书会呈现出典型的六面体造型。从外观看，书籍是由封面、封底、书脊、三面切口组成。从内部看，由环衬、扉页、正文等组成。

书籍由诸多结构组成，每个结构各有自己的特性，承担着不同的作用，有着不同的设计要求，下面针对书籍的"外表"和"内在"，分别进行介绍。

2.3.1 书籍设计的"外表"打造

视频2-3

当代书籍已不局限于作为传达信息载体的功能，设计形式也不再一味受书籍内容和自身主题的限制，而是成为一种造型艺术，即书籍外观造型设计艺术。

书籍外观造型设计即书籍形态设计，不仅是为了阅读，也是为了书籍成为可供品味、欣赏、收藏的具有独立文化艺术价值的实体。

当今材料工业的发展，极大地扩展了书籍材料的选择范围。书籍造型设计与工艺的结合，为材料的选择应用提供了广阔的空间。与注重实用性和功能性的传统书籍材料相比，当代书籍设计中，更注重材料自身形态所表现出来的视觉语言，通过设计并对其进行加工处理，塑造成为新的形态特征。书籍的造型不是纯粹的艺术创作，而是根据设计、制作、装订等具体要求而定，对材料的特性及其语言功能作用进行综合把握，来彰显书籍的整体形态与审美价值，增加书籍的使用功能和阅读的趣味。

在书籍设计过程中，运用折叠、组合、切割或其他特殊加工工艺方式来进行书籍的"外表"打造，是提升书籍外在价值的重要手段。以下是通过特殊加工工艺完成的书籍作品，为我们提供了很好的借鉴作用。（图2-58—图2-60）

图2-58 "手枪"外观的书籍设计

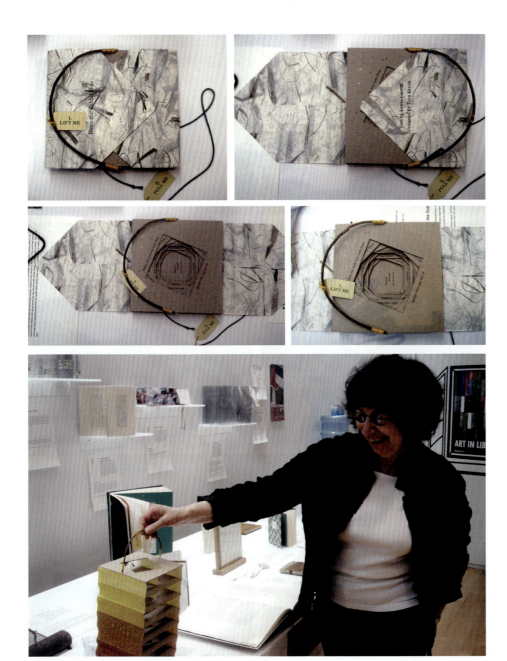

图2-59 运用特殊工艺的书籍外观设计

图 2-61 《呐喊》封面设计：鲁迅 1930

图 2-62 《私囊》，书籍设计：王怡颖

图 2-63 书籍设计：杉浦康平

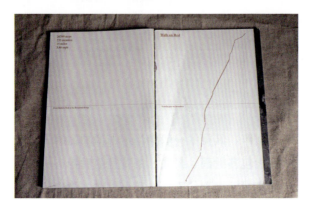

图 2-64 《Walk On Red》

图 2-65　《一点儿北京》封面与插图设计

图 2-66　封面设计　　图 2-67　腰封设计 1　　　　图 2-68　腰封设计 2

（3）书脊设计

书脊是将书籍从平面化的二维形态变成立体化的三维形态的关键部位，是书籍设计中仅次于封面的重要视觉语言。大部分书籍在书店销售的时候并不能将封面完整地展现在读者面前，而是插在书架当中，通常书脊成为呈现在读者眼前的第一视觉语言，因而书脊设计显得尤为重要。

书脊上承载的信息有书名、作者名、出版社名称，如果是丛书，还要印上丛书名，书脊是书的"第二张脸"。书脊的内容和编排格式由国家标准《图书和其它出版物的书脊规则》（GB/T 11668—1989）规定。宽度大于或等5毫米的书脊，均应印上相应内容。

书脊通常运用独特的构思与绚丽的色彩形成强烈的视觉冲击力，从而在众多繁杂的书籍中脱颖而出。但是在设计书脊的时候同样要考虑使书脊设计与整体书籍艺术风格融为一体，并且适合书籍内容。（图2-69—图2-71）

（4）封底设计

封底是整本书的最后一页，内容一般为书籍内容简介、著作者简介、封面图案的补充、图形要素的重复、责任编辑、装帧设计者署名、条形码、书号、定价等。这些内容除了条形码、定价必须有之外，其他内容可以根据需要而定。

国际标准书号以条形码形式列印于封底，为必备的印制项目。条形码印制尺寸必须为原始大小的85%~120%，必须以全黑印于白底色上，或印在无色的框线之内，与框线的距离必须大于2毫米。（图2-72）

（5）环衬设计

环衬是设置在封面与书芯之间的衬纸，也叫连环衬页或蝴蝶页。在书籍的结构中，环衬页是从封面到正文的过渡，环衬页的设计要与书籍的整体风格相统一。环衬的设计往往简约且低调，不能喧宾夺主。环衬页犹如演出舞台的幕布，既能渲染气氛，又能给人视觉上的停歇，引导读者进入阅读状态。

环衬可增加图书的牢固性，并起到装饰作用。一般有前后环衬之分，连接封面和扉页的称"前环衬"，连接正文与封底的结构称"后环衬"。用纸一般比封面薄，比书芯厚。

环衬页的材料、色彩、图形、肌理的选择要与书籍的其他环节协调，并产生视觉上的连续感。（图2-73—图2-75）

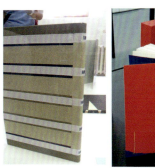

图 2-69　德国哈雷艺术学院师生书籍设计作品

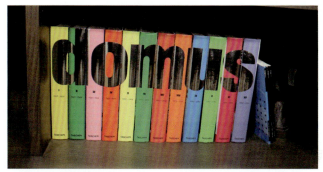

图 2-70　书脊设计

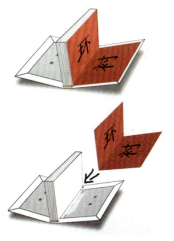

图 2-71　书脊的荧光效果　　图 2-72　《光是线》封底，　　图 2-73　环衬
（德国最美的图书大奖作品）　书籍设计：朱赢椿 + 张颖

图 2-74　环衬设计：杉浦康平　　图 2-75　环衬设计

（6）扉页（正扉页）设计

从书籍的发展历程来看，扉页的出现源于书籍阅读功能和审美功能的需要，是书籍不可或缺的重要组成部分。

扉页也称内封、副封面，在整个设计结构上起联系封面和正文承上启下的桥梁作用。扉页太多会喧宾夺主，因此它的数量和次序都不能机械地规定，必须根据书的内容和实际需要灵活处理，平装书的扉页一般在目录或前言的前面。

正扉页，也叫书名页，它是扉页的核心。扉页上的文字内容包括书名、著作者、编译者、出版社名称，是对封面文字内容的补充和进一步说明。（图2-76、图2-77）

（7）目录页设计

目录又称目次，是全书内容的纲要，是读者迅速了解书籍内容的窗口。目录通常放在序言（前言）或正文的前面。

目录设计要条理分明，层次清晰，并与整个书籍设计的风格统一。

设计时，要善于利用版面的空白，使读者在阅读时产生轻松、愉悦之感，标题越重要就越要留空白。（图2-78、图2-79）

图2-76　扉页设计

图2-77　扉页设计

图2-78　《私囊》目录页，书籍设计：王怡颖

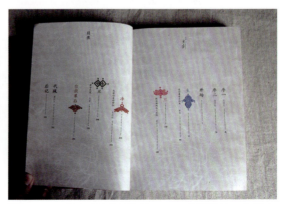

图2-79　《美丽的京剧》目录页，书籍设计：吕敬人

（8）订口、书口设计

书口是书籍结构中很重要的组成部分。书口也称为切口，是指书籍订口外的其余三面切光部分，分为上切口、下切口、外切口。以往的书口仅限于切齐、打磨、抛光，而很少对这一区域进行特殊的表现。随着现代印刷加工技术的发展以及整体设计意识的提高，书口成为书籍设计师发挥其独特想象力的领地。

视频2-4

西方早期的书其实是书脊朝内、切口向外，讲究的藏书家往往会请人在书口上彩绘图案装饰。（图2-80）

书口设计一方面可以通过印刷各种色彩或图像，呼应和协调书籍的整体视觉效果；另一方面也可以采用现代的模切技术进行整体切割模压，改变传统的直线形的书口，增添书籍的视觉趣味性。

订口是指从书籍装订处到版心之间的空白部分。直排版的书籍订口多在书的右侧，横排版的书籍订口则在书的左侧。（图2-81—图2-85）

图 2-80　书口彩绘，16 世纪意大利艺术家切萨雷·韦切利奥

视频2-5

图 2-81　订口设计，小马哥＋橙子

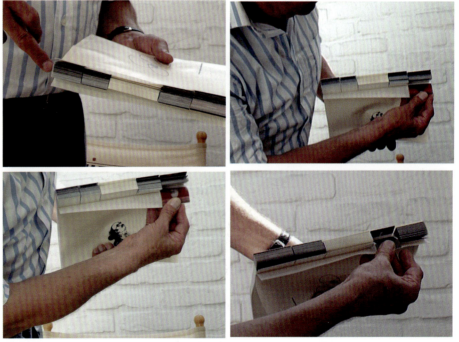

图 2-82　书籍切口设计，德国设计家哈根·拜格

图 2-83　荷兰某设计师的作品

图 2-84　《当代电影艺术导论》书口，刘晓翔

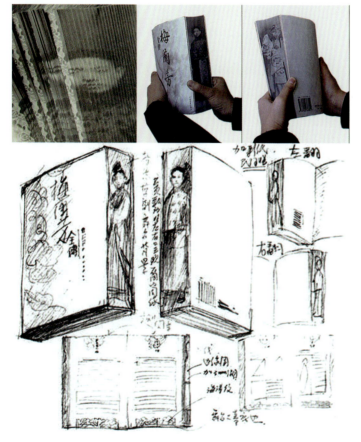

图 2-85　《梅兰芳全传》书口，吕敬人

（9）正文设计

正文是书籍本体内容的阐述，也是书籍最本质、最核心的部分。正文内容的属性直接影响书籍的大小、厚薄和重量。（图2-86—图2-89）

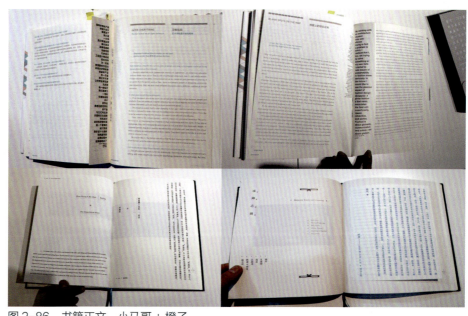

图 2-86　书籍正文，小马哥＋橙子

图 2-87　《冯·唐诗百首》
内页版式，朱赢椿、霍雨佳

图 2-88（a）《介入都市实践》1，吴勇

图2-88（b）　《介入都市实践》2，吴勇

图2-89　《心经的力量》以文字为主的版式

（10）版权页设计

版权页也称版权记录页，一般设在扉页的背面或正文的最后一页，是每本书出版的历史性记录。版权页一般以文字为主，包括书名、著作者、编译者、出版单位、印刷单位、发行单位、开本、印张、版次、印数、出版日期、字数、插图数量、书号、定价、图书在版编目（CIP）数据、书籍设计和责任编辑姓名等。版权页的作用在于方便发行机构、图书馆和读者查阅，也是国家检查出版计划执行情况的直接资料，具有版权法律意义。版权页的设计应简洁清晰、便于查阅。

版权页中书名文字字体略大，其余文字分类排列，有的运用线条分栏和装饰，起到美化的作用。（图2-90、图2-91）

（11）前言、序言、后记页设计

前言也称"前记""序""叙""绪""引""弁言"，是写在书籍或文章前面的文字。书籍中的前言，刊于正文前，主要说明基本内容、编著（译）意图、成书过程、学术价值及介绍著译者等，由著译、编选者自撰或他人撰写。

后记指的是写在书籍或文章之后的文字。多用以说明写作经过，或评价内容等，又称跋或书后。

以上内容由于不如正文重要，可以设计得较为简洁。（图2-92）

 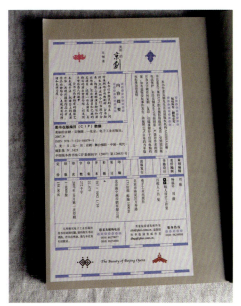

图 2-90 《光是线》版权页，朱赢椿 + 陈颖　　图 2-91 《美丽的京剧》版权页，吕敬人

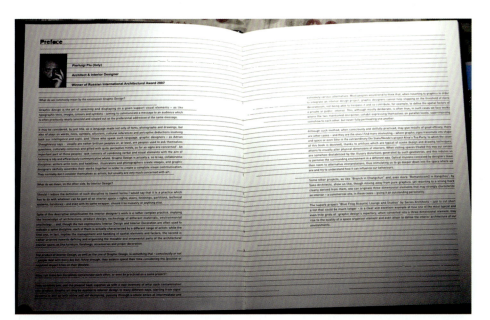

图 2-92　前言设计

2.3.3　书籍内部的特殊结构设计

下面主要讲述立体书内部特殊结构的基本设计方法，供设计者在实践中借鉴。

立体书属于书籍设计的专门领域。立体书就是利用翻动纸张时产生的动能，在平面的跨页版面上创造出各种三维造型。

采用立体结构展现书籍内容，一般都是提前将纸张或纸板制作好立体插页，将立体插页折叠后粘贴在装订好的两个对开的页面上。当翻开页面时，靠两个对开页面的分离来展开折叠的插页，使插页构成立体形状。不同的折叠方法可以让印刷品具备不同的阅读方式。以下为纸张的几种基本折法。

（1）四方平行折法

此折法图中的垂直部分"1"与水平部分"2"两者的长度相等，"3"的长度则任意增减，从而形成各种立方体。（图2-93）

（2）短面配长面折法

垂直部分"1"与水平部分"2"长度不相等，"1"与"3"长度相等，"2"与"4"长度相等，"5"则不限长度，此折法可形成立体矩形。（图2-94）

（3）小角配大角折法

此折法由一个大角（∠1=60°）和一个小角（∠2=30°）组成，∠1>∠2。长度"3"="6"，长度"5"="4"，假如将折线设于菱形正中央，就会形成折角相等的立体造型。（图2-95）

（4）三角拱式折法

图中长度"1"="2"、"4"="5"，"4">"1"、"5">"2"，减少"1""2"或增加"4""5"的长度，就会隆成更尖、瘦、高的三角形。此立体造型可以贴在书页表面，或利用纸舌插入沟缝，再粘贴在底页的背面，两边纸舌至少要有一边穿过沟缝，才能够巩固立体造型的强度。（图2-96）

（5）立柱折法

居中立柱位于订口，两片扶壁则各自贴附于订口两侧的页面上。"1""2""3""4"的长度相等，"5"="6"。扶壁加上"1"的总长度不应大于页宽，否则，观赏书本时，压平的立体造型会突出于前切口。立柱与扶壁能在水平平台上形成非常稳定的基座。展开图上的纸舌A、B、C、D表示黏合点，灰色字母代表该纸舌穿过沟缝，贴在背面。（图2-97）

（6）立方体折法

跨在订口折合处的立方体是很常用的立体造型，可用来充当许多物体。顶部与侧边的折线长度全部相同，"1""2"的长度相同，"3"的长度可决定该立方体的形状，A、B、C、D、E的长度必须一致。（图2-98）

（7）圆柱体折法

圆柱体和正圆球体一样，都很难实现，因为在营造曲面的同时，由于结构上的需要又必须保留侧边的纸舌。C的长度即为该圆柱体的高度，纸舌C与长纸条的另一端黏合，形成圆柱。纸舌A与纸舌B则负责连接圆柱与底页。（图2-99）

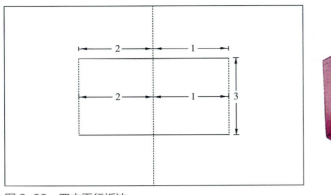
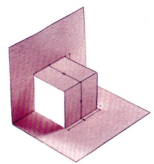

图 2-93　四方平行折法

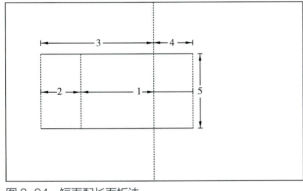
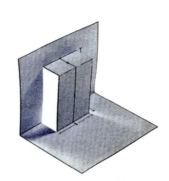

图 2-94　短面配长面折法

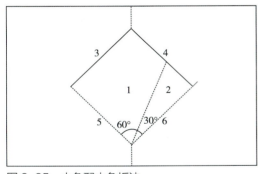

图 2-95　小角配大角折法

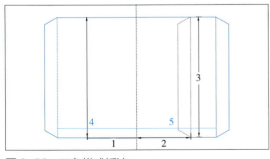

图 2-96　三角拱式折法

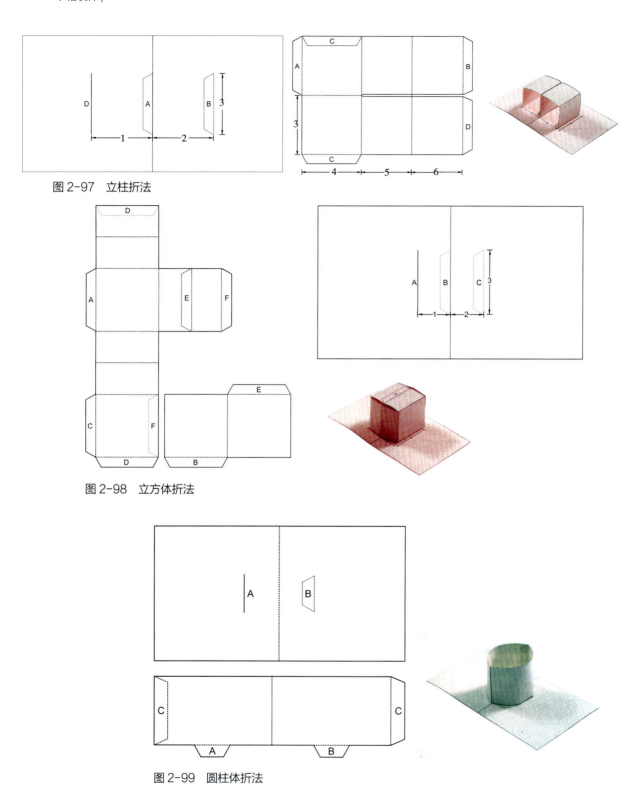

图 2-97　立柱折法

图 2-98　立方体折法

图 2-99　圆柱体折法

（8）半圆形桥拱折法

夹挤纸张的两边形成弧拱形。在底页上切出三道沟缝：一道在右页，将凸舌B穿进这道沟缝，加以贴固；长条部分则穿过另两道位于左页的沟缝。调整矩形的长度或宽度，弧拱的弧度与高度便会随之改变。沿着弧拱正中央划出一道压线，即可形成尖弧拱。展开图上的字母代表黏合点，灰色字母则代表凸舌插入，贴于底纹的背面。（图2-100）

（9）转轮折法

A的两片小凸舌穿过转轮正中央的小洞，再粘贴于底页背面，由那两片凸舌把转轮扣在定位。这样，轮、轴装置便可隐藏在立体书的折页内部。在折页书口上挖出一道小缝，露出转轮圆周，在转轮圆周上做出齿痕，转轮转动起来更容易。在转轮上加装凸轮和轴心，就成了可操控页面动作的操纵杆，摇臂的动作取决于凸轮与转轮的转动中心的距离，操纵杆端点的B点和凸轮上的B点相互扣榫。（图2-101）

（10）拉柄传动装置的折法

将纸片对折做成掀动的页片，上面粘上一道长条状的纸当作拉柄，长条纸从沟缝B穿到纸页背面，再从沟缝C穿出页面。掀页上的纸舌A贴在底页上，当读者抽引长纸条的末端C，就使掀页翻起180°，把长纸条推回去，掀页则会翻向另一边。掀页与长纸条的纸舌D相互黏合于掀页内部的黏合点（灰色D）上。（图2-102）

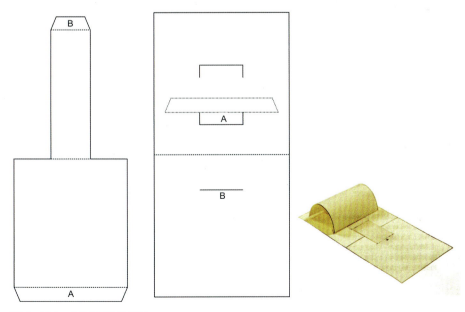

图2-100 半圆形桥拱折法

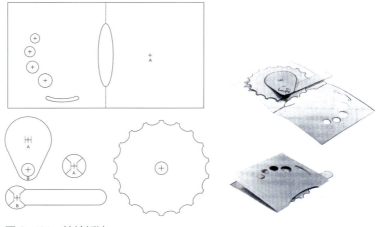

图 2-101　转轮折法

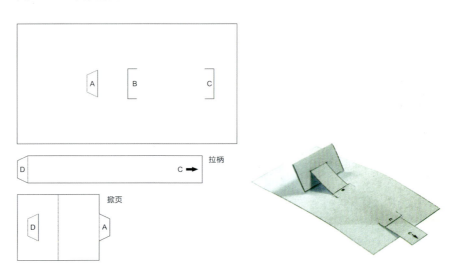

图 2-102　拉柄传动装置的折法

（11）立体书作品欣赏（图103—图110）

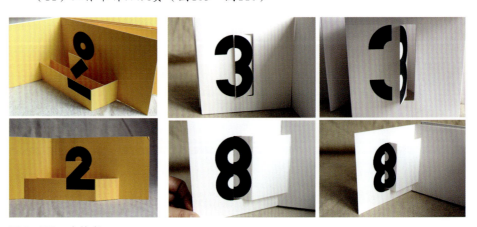

图 2-103　立体书　　　　图 2-104　立体书

图 2-105　立体书

视频2-6

视频2-7

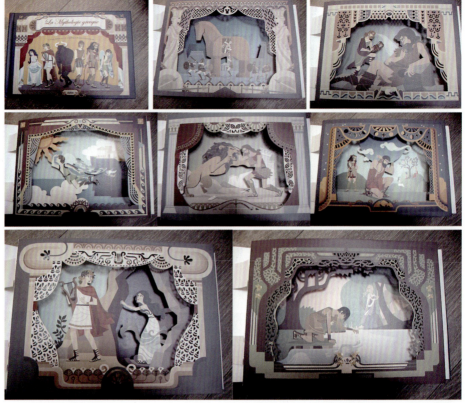

图 2-106　立体书

图 2-107　《四合院》立体书，萧多皆

图 2-108 《山海志》系列立体书设计 1（黄淇，指导：李昱靓）

图 2-109 《山海志》系列立体书设计 2（黄淇，指导：李昱靓）

图2-110 《山海志》系列立体书设计3（黄淇，指导：李昱靓）

思考题：

1.书籍设计如何实现内容和形式的统一？

2.书籍整体设计中最重要的环节是什么？设计的难点在哪些方面？

3.如何在书籍中注入信息有序演绎的轨迹？

4.如何塑造书籍的"动态"感？

5.对某特色书店进行市场调查，从书籍的"内在修炼"和"外部打造"两个方面进行市场调查和分析，并对有特点的书籍进行分析，撰写一篇市场调查报告（2000字以上），同时制作成可供课堂讨论的PPT文件。

6.请从"绘本插画艺术的独特之美"角度选择市面上有特色的绘本书籍进行分析。

3|

书籍的装帧工艺

书籍装帧基本常识与装帧材料

书籍常用的装订工艺

　　书籍是一个相对静止的载体，但它又是一个动态的媒介，当把书籍拿在手上翻阅时，书籍纸质散发的清香加之缀线穿梭在书帖之间的流动之美，随之带来视、触、听、嗅、味等美的感受。此时读者随着眼视、手触、心读，领受书中信息内涵，品味个中意蕴，书在此刻成为打动心灵的生命体。想要做出能打动读者心灵的书，就需要了解一定的书籍装帧基本常识和掌握一定的装帧工艺。

3.1　书籍装帧基本常识与装帧材料

3.1.1　书籍开本及相关常识

（1）开本

　　开本一词源自欧洲羊皮纸的使用。开本是指版面的大小，也就是指书籍的成品尺寸。设计一本书，首先要确定开本。作为一个预设的尺寸，开本确定了书籍整体的比例大小及视觉表现范围。开本和纸张联系密切。我们通常以一张全开张纸为计算单位，每张全开纸裁切和折叠多少小张就称为多少开本。目前我国习惯上对开本按照几何级数来命名，常用的分别为整开、对开、4开、8开、16开、32开、64开等。

　　纸张的裁切方法一般包括几何级数开切法、直线开切法、纵横混合开切法。几何级数开切法也称正开法，是以2为级数进行裁切的方法，即将全开纸对折后裁切为对开，继续对折裁切成4开、8开、16开、32开、64开等幅面。正开法不仅纸张的利用率高，而且便于折页和装订，节省人力、物力，是目前最为常见的纸张裁切法。另外，还有直线开切法，能充分利用纸张，不会产生多余纸边，但因纸张有单双数之分，后期的印刷与装订过程中不能全面采用机器操作，具有一定的局限性。纵横混合开切法则无法充分利用全开纸张，在裁切的过程中会产生纸边，造成浪费，增加书籍的印刷成本，因此不是最常见的、经济性的裁切方法。（图3-1—图3-3）

　　幅面787毫米×1 092毫米的尺寸是我国当前工业纸张的主要尺寸，也称为正度纸。国内造纸、印刷机械绝大部分都是生产和使用这种尺寸的纸张。

　　幅面850毫米×1 168毫米的尺寸是在上一种纸张大小的基础上，为适应比较大一些的开本需要而生产的，也称为大度纸。

幅面 889 毫米 ×1 194 毫米的纸张比其他同样开本的尺寸都要大，因此在印刷时，纸的利用率较高，所印刷出的书籍外观也比较美观、大方。

另外还有幅面 880 毫米 ×1 230 毫米的纸张等。

书籍使用的开本多种多样，实际设计中一般要根据书籍的性质，书稿的字数与图量，阅读对象以及书籍的成本确定开本的尺寸。

（2）开本的类型

书籍的开本按开数可以分为不同类型，而同一开数的开本，幅面大小又有不同的规格。可分大型本（12 开及以上）、中型本（16 ～ 32 开）和小型本（36 开及以下）三类。因为用以开切的全张纸有大小不同的规格，所以按同一开数开出的开本也有不同的规格。（表 3-1）

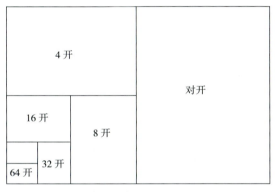

图 3-1　几何级数开切法

图 3-2　直线开切法

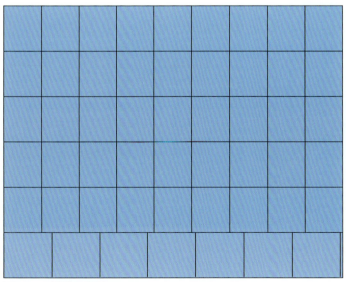

图 3-3　纵横开切法

表 3-1 常见开本尺寸表

开本	书籍幅面（净尺寸）		全开纸张幅面
	宽度 / 毫米	高度 / 毫米	
8	260	376	787×1 092
大 8	280	406	850×1 168
大 8	296	420	880×1 230
大 8	285	420	889×1 194
16	185	260	787×1 092
大 16	203	280	850×1 168
大 16	210	296	880×1 230
大 16	210	285	889×1 794
32	130	184	787×1 092
大 32	140	203	850×1 168
大 32	148	210	880×1 230
大 32	142	210	889×1 194
64	92	126	787×1 092
大 64	101	137	850×1 168
大 64	105	144	880×1 230
大 64	105	138	889×1 194

（3）开本选择的原则

只有确定了开本的大小之后，才能根据设计的意图确定版心、版面的设计，进行插图的安排和封面的构思，并分别进行设计。

开本的选择依据以下原则：一是书刊的性质和专门用途，以及图表、公式的繁简和大小等；二是文字的结构和编排体裁，以及篇幅的多少；三是使用材料的合理程度；四是使整套丛书形式统一。

（4）开本选择的依据

书籍开本的设计要根据书籍的不同类型、内容、性质来决定，不同的开本便会产生不同的审美情趣，不少书籍因为开本选择得当，使形态上的创新与该书的内容相得益彰，受到读者的欢迎。

①根据书籍的性质和内容选择开本

书籍的开本确定了书的性格。窄开本的书显得秀美，宽幅的书给人纵横之感，标准化的开本则显得四平八稳。

诗集一般采用狭长的小开本。诗的形式是行短而转行多，读者在横向上的阅读时间短，诗集采用窄开本是很适合的。

经典著作、理论书籍和高等学校的教材等，篇幅较大，一般采用大 32 开或面积近似的开本。

小说、传奇、剧本等文艺读物和一般参考书，一般采用小 32 开，方便阅读。

青少年读物一般是有插图的，可以选择偏大一点的开本。

儿童读物因为有图有文，图形大小不一，文字也不固定，因此可选用接近正方形或者扁方形的较大的开本，适合儿童的阅读。

字典、词典、辞海、百科全书等有大篇幅，往往分成2栏或3栏，需要较大的开本。小字典、手册之类的工具书选择42开以下的开本。

图片和表格较多的科学技术书籍，注意表的面积、公式的长度等方面的需要，既要考虑纸张的节约，又要使图表安排合理，一般采用较大和较宽的开本。

画册是以图版为主的，先看画，后看字。由于画册中的图版有横有竖，常常互相交替，宜采用近似正方形的开本。

乐谱一般在练习或演出时使用，宜采用大16开本或8开本。

②根据读者对象和书的价格选择开本

读者由于年龄、职业等差异对书籍开本的要求就不一样，如老人、儿童的视力相对较弱，要求书中的字号大些，同时开本也相应要大些；青少年读物一般都有插图，所以开本也要大一些。再如普通书籍和作为礼品、纪念品的书籍的开本也应有所区别。

③根据书稿篇幅选择开本

书稿篇幅也是决定开本大小的因素。几十万字的书与几万字的书，选用的开本就应有所不同。一部中等字数的书稿，用小开本，可取得浑厚、庄重的效果，反之用大开本就会显得单薄、缺乏分量。而字数多的书稿，用小开本会有笨重之感，则以大开本为宜。

④开本的设计要求

开本的设计要符合书籍的内容和读者的需要，不能为设计而设计、为出新而出新。书籍设计要体现设计者和书本身的个性，只有贴近内容的设计才有表现力。脱离了书的自身，设计也就失去了意义。

设计开本要考虑成本、读者、市场等多方面因素。应该说，书也是一种商品，不能超越商品规律，书籍设计必须符合读者和市场的需要。（图3-4—图3-6）

图3-4　异形开本书籍

图3-5　《怪哉》（宋晨，指导：原博）

图 3-6　第九届全国书籍设计艺术展览作品

3.1.2　书籍装帧常见材料

书籍作为承载知识的物化形态，必须依据一定的材料才能进行制作。

书籍装帧所使用的材料，不仅有纸张，还有丝织品、布料、皮革、木料、化纤、塑料等。仅以纸张为例，其品种、克数、颜色、肌理，均直接影响到书籍的艺术质量，并给读者不同的视觉和心理感受。

（1）纸类材料

纸是最具代表性的书籍材料，没有纸张，就没有书籍的历史。尽管受到数字媒体的冲击，纸张在当前时代的出版和传播中仍然起着十分重要的作用。

纸张质量与印张

纸张质量即纸张的厚度，以定量和令重表示。定量又称克重，是纸张每平方米的重量。令重表示每 500 张纸的总重量。一般用克重表示纸张的厚度，如128 克、157 克、200 克、250 克等。

印张，指图书出版物用纸的计算单位。它是现代图书生产和经营管理中必不可少的计算单位。一张全开纸正反两次印刷的二分之一称为一个印张。在已确定了开本的前提下，印张数量与页面多少是成正比的。页面多则印张多，页面少则印张少。书籍印张的计算是用全部页面（含与正文关联的空白页、零页）除以开本数。以 16 开本图书为例，一本 200 面（100 页）的图书，它的印张为：200÷16=12.5 印张。

（2）现代印刷用纸张材料

①胶版纸

胶版纸适合胶版多次套印彩色得名，主要供胶印印刷机在印刷较高级的彩色印刷品时使用。胶版纸适合印制单色或多色的书刊封面、正文、插页、画报等。

②轻型纸

轻型纸即轻型胶版纸，质优量轻、价格低廉，不含荧光增白剂，高机械浆含量，环保舒适，印刷适应性和印刷后原稿还原性好，为广泛使用的纸张。

③铜版纸

铜版纸是纸面上涂染了白色涂料的加工纸，质地光洁细密，涂层牢固，抗水性好，强度较高。铜版纸不耐折叠，一旦出现折痕，极难复原。适合印刷书刊的插页、封面、画册等。

④哑粉纸

哑粉纸正式名称为"无光铜版纸"，在日光下观察，与铜版纸相比，不太反光，用它印刷的图片，虽没有铜版纸色彩鲜艳，但比铜版纸更细腻、更高档。

⑤蒙肯纸

蒙肯纸是瑞典蒙肯戴尔的一家造纸企业生产的轻型纸张，当这种纸首次被引入中国时，它便有了"蒙肯"这个名字。由于它是我国最早引进的轻型胶版纸，因此现在国内便习惯性地称这一类纸为蒙肯纸，从事纸业的人士一般直接称其为"蒙肯"。在欧美及日本等发达国家，书店里95%以上的图书用这种纸印刷。蒙肯纸儒雅飘逸，富有书卷气且手感极佳，印刷出的书刊、画册重量极轻，使人感觉亲切温和。

⑥道林纸

"道林纸"正名应为"胶版印刷纸"或"胶版纸"，是专供胶版印刷用纸，也适用于凸版印刷。适合印制单色或多色的书刊封面、正文、插页、画报、地图、宣传画、彩色商标和各种包装品。

⑦新闻纸

新闻纸又称"白报纸"，多印刷报纸、刊物等。其纸面平滑，吸墨性强，干燥快。

⑧硫酸纸（植物羊皮纸）

硫酸纸呈半透明状，又称制版硫酸转印纸，纸页的气少，纸质坚韧、紧密，而且可以对其进行上蜡、涂布、压花或起皱等加工，其外观和描图纸相近。常用于书籍的环衬（或衬纸）、扉页等。硫酸纸主要用于印刷制版业，具有纸质纯净、强度高、透明好、不变形、耐晒、耐高温、抗老化等特点，广泛适用于手工描绘、走笔/喷墨式CAD绘图、工程静电复印、激光打印、美术印刷、档案记录等。

⑨其他特种纸

特种纸也是纸张的一种，因其特殊的纹理与表面处理工艺，与普通的常用纸有很大的区别，从而导致了它的价格较高，尺寸特殊，所以我们称为特种纸。

书籍的设计中有很大一部分选择特种纸制作，特种纸带来的视觉效果是难以想象的。

（3）特殊材料

在现代书籍设计中，出于对求异、求新的审美追求，大量的纤维织物、复合材料、金属、木材、皮革等材料创造性地被运用在书籍的装帧设计里。

①棉麻丝纺织物

棉麻丝纺织物包括棉、麻、人造纤维等，也包括光润平滑的榨绸、天鹅绒、涤纶、贝纶等。设计者可以根据书籍内容和功能的不同，选择合适的织物。如经常翻阅的书可考虑用结实的织物装裱，而表达细腻的风格则可选用光滑的丝织品等。目前，也有许多设计者直接采用衣物材质进行书籍封面包装，如牛仔裤的斜纹和线头等。（图3-7—图3-9）

图3-7 《My Trip》（胡有莉，指导：李昱靓）

图3-8 《Sari Book》（2003）

图3-9 《Untitled》（2006）

②皮革类

皮革作为封面设计的材料之一，相对来说价格昂贵，且加工困难。各种皮革的技术加工和艺术表现各有其特点：猪皮的皮纹比较粗糙；羊皮较为柔软细腻，但易磨损；牛皮质地坚硬，韧性好，但加工较为困难；人造革和聚氯乙烯涂层都可以擦洗、烫印，加工方便，价格便宜。（图3-10、图3-11）

③木材

木质材料包括木材、竹子、藤、草类等，在书籍封面设计中经常使用。木质材料相对价格高，加工复杂，但木质材料的书籍封面设计效果好，在书籍的文化表现和整体的档次上，木质材料有超强的表现力。（图3-12）

④金属材料

在现代书籍设计中，金属材料通过现代加工工艺以及切割技术，可形成更加丰富的色泽、肌理和形态变化，其肌理和质量感与书籍纸张会产生强烈的视觉对比和心理反差，为书籍带来鲜明的科技和工业感。（图3-13）

图3-10 《看这皮子》（米萨·布伦德尔） 图3-11 第八届全国书籍设计艺术展作品

图3-12 《Bark》（2005）

图3-13 金属材料的书籍

⑤复合材料

随着现代工艺技术的发展，复合材料开始用于书籍的装帧，因其韧性好、可塑性强、表面肌理丰富、手感好等特点，能满足书籍设计的功能性需求。

随着社会的发展和技术的进步，更多不同的材料应用于书籍的装帧设计之中。作为传达信息的一种手段，材料的选择必须在书籍整体设计要求之下依据具体内容而定，合理选材，恰当实施，才能真正发挥材料的使用价值。（图3-14—图3-21）

图3-14 《一千根烟》（克里斯托弗·K.王尔德） 图3-15 有创意的书籍

图3-16 特殊材料产生的肌理效果　图3-17 《Untitled》（2006）　图3-18 《Untitled》（2004）

图 3-19 《我爱》（窦旭，指导：李昱靓）

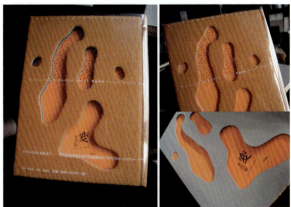

图 3-20 书籍设计材料的运用

图 3-21 《JOANNA》（江佳心，指导：李昱靓）

视频3-1

3.2 书籍常用的装订工艺

3.2.1 平装书籍的装订工艺

中西方书籍漫长的发展史，给我们留下了许多优秀的装帧形式和制作工艺，装帧形式有包背装、经折装、线装、毛边装、函套等，这些传统工艺都是汇集人类经验和智慧的结晶。欧洲中世纪的手抄本，19世纪的金属活字印刷本，中国宋、元、明的民坊、官坊的刻本，都可谓集工艺之大成的杰作。

平装是书籍出版中最普遍采用的一种装订形式。它的装订方法比较简易，运用软卡纸印制封面，成本比较低廉，适用于篇幅少、印数较大的书籍。平装是书籍常用的一种装订形式，以纸质软封面为特征，装订的工艺流程为：折页裁切—折页—配书贴—配书芯—订书—包封面—切书。

平装书的订合形式常见的有骑马订、平订、锁线订、无线胶订、活页订等。

（1）骑马订

骑马订又称骑缝铁丝订，是将配好的书页，包括封面在内套成一整帖后，用铁丝订书机将铁丝在书刊的书背折缝处由外穿到里，并使铁丝两端在书籍里面折回压平的一种订合形式。它是书籍订合中最简单方便的一种形式，优点是加工速度快，订合处不占有效版面空间，且书页翻开时能摊平；缺点是书籍牢固度较低，且不能订合页数较多的书。此方式一般适合于宣传册、较薄的文学类杂志、样本等。（图3-22）

图3-22 骑马订式穿线法

（2）锁线订

锁线订从书帖的背脊折缝处利用串线联结的原理，将各帖书页相互锁连成册，再经贴纱布、压平、捆紧、胶背、分本、包封皮，最后裁切成本的一种订合形式。锁线订比骑马订坚牢耐用，且适用于页数较多的书本。与平订相比，书的外形无装订痕迹，且书页无论多少都能在翻开时摊平。不过锁线订的成本较高，书页也须成双数才能对折订线。（图3-23、图3-24）

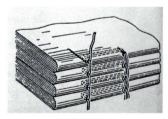

图3-23 锁线订图书

（3）无线胶订

无线胶订是平装书的装订形式，是最便宜、最快捷的装订方法。常见方法是把书贴配好页码，再在书脊上锯成槽或铣毛打成单张，经对齐后用胶水将相邻的各贴书芯粘连牢固，再包上封面。它的

图3-24 锁线订图书《剪纸的故事》

优点是订合后和锁线订一样不占书的有效版面空间，翻开时可摊平，成本较低，无论书页厚薄；幅面大小都可订合；缺点是书籍放置过久或受潮后易脱胶，致使书页脱散。其订合形式主要用于期刊、杂志样本等书籍。（图3-25）

（4）铁丝平订

铁丝平订是把有序堆叠的书帖用缝纫线或铁丝钉从面到底先订成书芯，然后包上封面，最后裁切成书的一种订合形式。其优点是比骑马订更为经久耐用；缺点是订合要占去一定的有效版面空间，且书页在翻开时不能摊平。（图3-26）

（5）缝纫平订

缝纫平订又称缝纫机线订，是用缝纫机将书从面到底缝一道线订起来，此装订方式比较牢固。（图3-27）

（6）活页装订

活页装订是在书的订口处打孔，再用弹簧金属圈或螺纹圈等穿锁扣的一种订合形式。单页之间不相粘连，适用于需要经常抽出来、补充进去或更换使用的出版物。此方式常用于产品样本、目录、相册等。其优点是可随时打开书籍锁扣调换书页，阅读内容可随时变换。（图3-28）

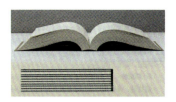

图3-35　无线胶订

图3-26　铁丝平订

图3-27　缝纫平订

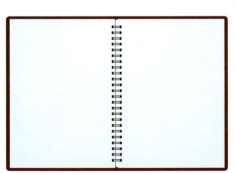

图3-28　活页装订

图 3-29 金属环订

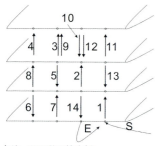

备注：以四眼四帖为例
1. 从第一帖内部的第一眼起针（从书内往外缝）；
2. 全部缝完后，线尾（E）与线头（S），相互打结在内；
3. 缝缋装可以让整本书 360° 展开。

图 3-30 缝缋装缀订与结线方式

（7）金属环订

金属环订是利用金属环或金属铆钉进行书籍的装订，一方面增强了书籍的牢固性，另一方面通过不同材质的对比，获得丰富的感官体验。

现代装订技术呈多元化发展趋势，设计师们不断探索更多特殊材料的使用，以及进行形式和结构的创新，通过技术性环节建立起书籍本体与书籍内涵的深层次连接，使书籍的视觉内容和精神内涵愈加丰富。（图 3-29）

3.2.2 中式平装书的装订工艺

中国古代的书籍装订方式可说是百花齐放，从敦煌遗留的古书中，可看到很多装订形式。其中，"缝缋"是一种线缝式装订方式，后来流传至日本，成为日式的"和缀"。"缝缋"的基本原理就像爬楼梯般的"阶梯式"的路线，在每帖书页折缝处连缀，如此反复上下阶梯式缝法，直到两条线头相遇打结。利用此方法装订的书册很容易翻开和摊平，适合缝装宣传册和乐谱。（图 3-30）

线装是书籍装订的一种技术，通称"线装书"。线装基本做法是：先将书内页纸叠整齐，打眼（大多是上下各两个小洞，共四个小洞），将纸剪成菱形，再搓成细条，形成纸捻。一条纸捻穿过小洞，串接整本书。打眼可以四眼、五眼、六眼、八眼等。线装是将依中缝对折的若干书页和封面、封底叠合后，在右侧适当宽度用线穿订的装订样式。线装主要用于我国古籍类图书，也为其他图书装帧设计所借鉴。成品不仅简洁优雅，而且相当牢固耐用，特别适合用来装订书籍。

现代线装缝缀材料除了利用天然织物制成的麻线和使用历史悠久的亚麻线之外，还可利用其他现代材料。

线装书有简装和精装两种形式：简装书采用纸封面，订法简单，不包角，不勒口，不裱面，不用函套或用简单的函套；精装书采用布面或用绫、绸等织物裱在纸上作封面，订法也较复杂，订口的上下切角用织物包上（称为包角），有勒口、复口（封面的三个勒口边或前口边被衬页粘住），以增加封面的挺括和牢度，最后用函套或书夹把书册包扎或包装起来，线装书装订完成后，多在封面上另贴书笺，显得雅致不凡。

中国线装形式经过长时间发展，可以说是古本图书装订中最实用及美观的形式，依其缀订方式，可分为以下数种：

（1）宋本式装订法

先以书本尺寸来考虑"天、地角"的距离，天、地两角针眼位置确定后，再将中段部分，以两针眼分三等份。一般天、地角之长宽比为 1 ： 2，有时也需视书本幅面宽度稍加调整。（图 3-31—图 3-33）

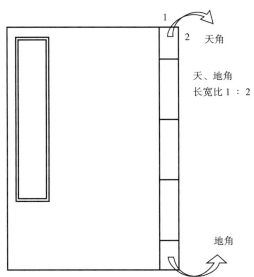

图 3-31　宋本式装订法

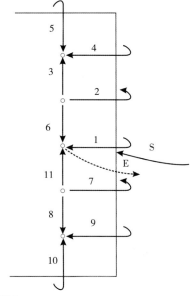

图示说明：
"S"为线头起始端，线由后向前穿，"E"为线末端，穿完后，"S"（线头）和"E"（线尾）相互打结，结头可拽进孔内隐藏起来或者在外打成蝴蝶结式样。

图 3-32　宋本式装订走线方式及完成后图样

图 3-33　线装成品书

（2）唐本式装订法

此种装订方式，大都是用在幅面狭长的图书上，其装订方法基本上是与"宋本式"相同，差别只是第二、三眼距离较为接近，其封面题签也需配合狭长形幅面，相应为细长形。（图3-34）

（3）竖角四目式（康熙式）装订法

因在天、地角内，各多打一眼加强装订，故称"竖角四目式"，也有依照针眼数，称"六针眼法"或"八针眼法"。清代康熙时期，对珍贵图书文献的装帧，均采用此种竖角法，故也称"康熙式"。这种装订方式，大都用于幅面宽的书籍，不但可强化牢固书角，且也有美化装饰的作用，幅面窄的书籍，若使用"竖角四目式"装订，则会显得单薄。（图3-35）

（4）麻叶式装订法

这种装订方法以缀线分布形状如叶脉状而得名，也称"九针眼法""十一针眼法"，每个麻叶由三个针眼组成，这是建立在"康熙式"装订基础上进行的装帧美化，同时题签也可贴近封面中央位置，更强化封面的美感。这种方法较适用幅面宽广的书籍。（图3-36—图3-40）

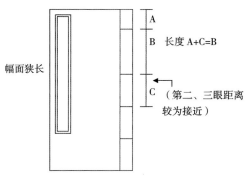

图 3-34　唐本式装订法

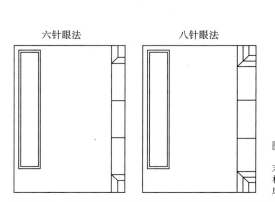

图 3-35　竖角四目式装订法（装订走线方式见宋本装订方式）部分步骤

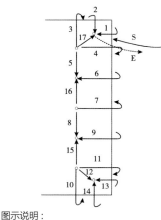

图示说明：
"S"为线头起始端，线由后向前穿，"E"为线末端，穿完后，"S"（线头）和"E"（线尾）相互结，结头可拽进孔内隐藏起来或者在外打成蝴蝶结式样。

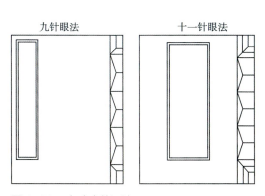

九针眼法　　　　　十一针眼法

图 3-36　麻叶式装订法

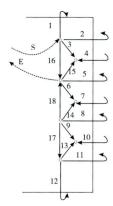

图示说明：
"S"为线头起始端，线由后向前穿，"E"为线末端，穿完后，"S"（线头）和"E"（线尾）相互打结，结头可搓进孔内隐藏起来或者在外打成蝴蝶结式样。

图 3-37　麻叶式装订走线方式

图 3-38　麻叶式装订法成品书（制作：李昱靓）

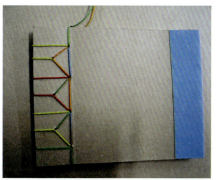

图 3-39　麻叶式装订法成品书（制作：雏雪，指导：李昱靓）

图 3-40　麻叶式装订法成品书（制作：黄怀海，指导：李昱靓）

（5）龟壳式装订法

这种方法是由"宋本式"演变而来，因装订走线形式，似龟甲纹样而得名，又因有十二个针眼，又称"十二针眼法"。（图3-41、图3-42）

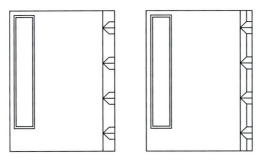

图 3-41　龟甲式装订法（十二针眼法）

3.2.3　西式平装书的装订工艺

西式的基本缝法有很多种，大多将第一帖全部缝完，再缝向第二贴，以此类推。具体装订方法如下：

（1）辫子结法（图3-43、图3-44）

辫子结法即像扎辫子一样装订书贴。

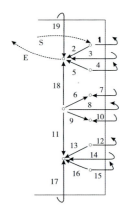

图示说明：
"S"为线头起始端，线由后向前穿，"E"为线末端，穿完后，"S"（线头）和"E"（线尾）相互打结，结头可拽进孔内隐藏起来或者在外打成蝴蝶结式样。

图 3-42　龟甲式装订走线方式

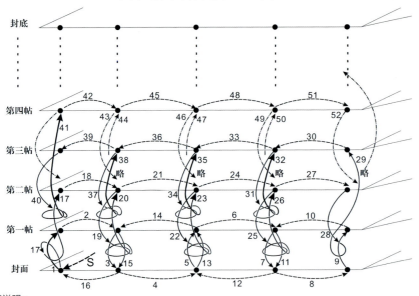

图示说明：
1. "S"为起始端，线由内向外从第一孔穿出，线末端在书帖中缝打个活结，按图中标识的数字序号进行顺序缝缀；
2. 从第"19"步开始，"辫子结"锁结形式按图示进行绕线锁结；
3. 特别说明：第二帖及以上书帖，中间"辫子结"锁结及两端锁结形式相同，以此类推，从第"43"步开始步骤图省略；
4. 封面、封底和书帖纸张均为对折形式，对折的中缝打孔，作缝缀用；
5. 第"16"步的线在书帖内与"S"的线末端活结相互锁死后，再穿出；
6. 书帖中缝合孔之间的孔距和孔的数量没有严格限制，两端的孔分别距离纸边 1 厘米左右；
7. 图例："——▶"表示在书帖外看得到的线；"----▶"表示在书帖内看不到的线；"- - -▶"表示省略的步骤图；"------"表示省略的书帖。

图 3-43　辫子结缝线示意图

图 3-44　辫子结法成品书(制作: 张小琴, 指导: 李昱靓)

（2）科普特装订式

科普特装订式简称科普特式。科普特式的缝法据说来源于古埃及的科普特基督徒。因为"三位一体"观念，所以古代缝书时用的线多为三条线一股。书的特点是可以 360 度展开，方便翻阅。

手工装订书身，每帖（多页组成）位置与订眼数量须先按图书尺寸以铅笔定出。普通书籍以五条缀绳为宜，故铅笔定出位置亦有五点，作为缀线装订之处。缀线的粗细应依图书需求选用，装订时须注意：如果缀线缀订松散，书身装订则无法坚固；装订太紧则影响书页展开，也易断线。（图 3-45—图 3-47）

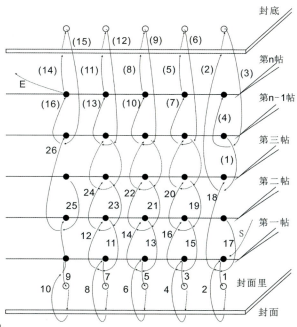

图示说明：
1. "S"为线头起始端，线由内向外穿，"E"为线末端，在书帖内打结；
2. 书页帖数可为无限多，因此图中虚线表示为省略的步骤，书页帖数以 n"n-1"代替；
3. 接近封底的穿法跟前面的步骤略不一样，用"(1)、(2)、……"计数；
4. 孔的数量也可以无限增加，穿线的方法以此类推。

图 3-45　科普特式缝线示意图

图 3-46　科普特式成品书

图 3-47　科普特式成品书
（制作：张渝，指导：李昱靓）

（3）美背线装缝法

从 18 世纪开始就有人使用美背装帧或类似的缝装法来装订书籍，用这种方法装订的书册易于翻阅，且不需要在书脊上胶，在外观上可以使用彩色线绳做一些变化。具体有交叉缝、天地缝、书脊缀带缝。（图 3-48—图 3-54）

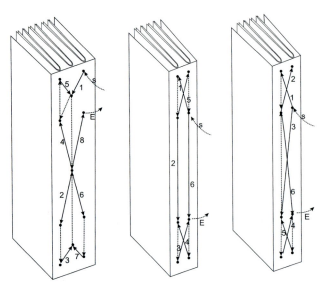

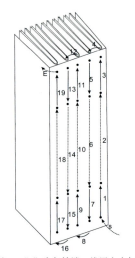

注：1."S"为起始端，"E"为结束端，"S"和"E"的线尾一起在内打死结。
　　2.此法例图的书帖分别为两帖和三帖，实际运用时，书帖的数量和穿线的方法可以变通。

图 3-48　交叉缝（三种）穿线示意图

注：1."S"为起始端，线尾在内打死结；"E"为结束端，线尾在内打死结。
　　2.此法例图的书帖为五帖，实际运用时，书帖可以无限增加。

图 3-49　天地缝穿线示意图

图 3-50　天地缝实例图

图 3-51　书脊缀带缝实例图

图 3-52　西式线装书实例（制作：莫宇青，指导：李昱靓）

图 3-53　西式线装书实例（制作：彭玺，指导：李昱靓）

图 3-54　西式线装书实例（制作：余卓璟，指导：李昱靓）

3.2.4 精装书的装订工艺

精装是书籍出版中比较讲究的一种装订形式，精装书比平装书用料更讲究，装订更结实。精装特别适合于质量要求较高、页数较多、需要反复阅读，且具有长时期保存价值的书籍。精装书分硬精装和软精装两种，主要应用于经典、专著、工具书、画册等。其结构与平装书的主要区别是硬质的封面或外层加护封，有的甚至还要加函套。

精装书的装订工艺流程包括订本、书芯加工、书壳的制作、上书壳等工序。精装书的书芯制作与线装书的方法基本相同，不同的是还有压平、扒圆、起脊、贴书脊布、粘堵头等特殊的加工过程。上书壳是通过涂胶、烫背、压脊线工序将书芯和书壳固定在一起。

（1）精装书结构

①精装书的封面

精装书的封面，可运用各种材料和印刷制作方法，达到不同的格调和效果。可用于精装书的封面面料很多，除纸张外，还有各种纺织物、丝织品、各种人造革、皮革和木质等。

精装书封面分硬封面、软封面两种：

硬封面是把纸张、织物等材料裱糊在硬纸板上制成，适宜于放在桌上阅读的大型和中型开本的书籍。

软封面是用有韧性的牛皮纸、白板纸或薄纸板代替硬纸板，轻柔的封面使人有舒适感，适宜于便于携带的中型本和袖珍本，例如字典、工具书和文艺书籍等。

②精装书的书脊

精装书的书脊有圆脊、平脊两种：

圆脊是精装书常见的形式，其脊面呈月牙状，一般用牛皮纸或白板纸做书脊的里衬，有柔软、饱满和典雅的感觉，尤其薄本书采用圆脊能增加厚度感。（图 3-55）

平脊是用硬纸板做书籍的里衬，封面也大多为硬封面，整个书籍的形状平整、朴实、挺拔，有现代感，但厚本书（约超过 25 mm）在使用一段时间后书口部分易隆起，有损美观。（图 3-56）

精装书的订合形式有活页订、铆钉订合、绳结订合、风琴折式等。

图 3-55 精装手工书（制作：学生作品，指导：钟雨）

图 3-56 精装手工书（制作：郑好、雷丹燕，指导：李昱靓）

③精装书常见名词

飘口：精装书籍中，书壳超出书芯切口的部分，通常长出约3毫米，便于保护书芯，也增加了书籍的美观度。

堵头布（脊头布、顶带）：堵头布，也称花头布、堵布等，是一种经加工制成的带有线棱的布条，用来粘贴在精装书芯书背上下两端，即堵住书背两端的布头。堵头布不仅可以将书背两端的书芯牢固粘连，而且可以装饰书籍外观，是精装书不可缺少的一部分。市面上的堵头布有各种颜色，可以搭配不同颜色的封面和内文纸。

丝带：粘贴在书脊的顶部，起着书签的作用。堵头布和丝带的颜色，设计时要和封面及书芯的色调协调。

（2）硬面平脊精装书装订工艺步骤

第一步：首先选取品质良好的纸张，裁出70 cm×100 cm的大小，对折数次并裁切之后得到大小为12.5 cm×17.5 cm的纸张，裁切时使用不太锋利的刀子，因为要让纸页的边缘呈现粗糙的效果。裁好纸张之后以4张为一组开始折成一帖，折叠时可用刮刀辅助，折成一帖时应尽量对齐。（图3-57）

第二步：将折好的数帖夹在两块板子之间，移到桌面边缘用锯子锯出四个孔口。（图3-58）

第三步：将四帖缝装成册，最好使用天然纤维制成的绳线。将穿了线的针从绳子锯出的孔口穿入之后再由下一个孔穿出，依次类推将其他数帖依序叠加

图3-57　裁切纸张并折叠纸帖

图3-59　穿线缝装

图3-58　开孔口

并缝装在一起。（图 3-59）

第四步：缝装完成后，将本子夹在两块完全对齐的板子之间，在脊部薄涂一层浓稠的胶。（图 3-60）

第五步：用刮刀辅助将色纸结合绳线制作纸质堵头布。(图 3-61)

第六步：将两块堵头布分别粘在脊部上下端的地方，固定之后用剪刀修整形状。（图 3-62）

第七步：在脊部加贴一张纸以便加固脊部和最前、最后的纸页，这张纸也会具备衬页的功能。首先将上了胶的纸黏于脊部，然后小心地将纸折起粘在最前和最后的纸页上。（图 3-63）

第八步：待胶干之后即可裁出制作封面和脊部的纸板，封面的长度应比本子多出 6 mm，宽度应比本子少 2 mm，脊部的长度和封面相同，宽度则应等于本子加上两片纸板的厚度（本子的厚度要从侧边而非脊部测量，因为本子的脊部经过缝装之后会变得稍厚）。（图 3-64）

第九步：裁出包覆用的布，其四边应该比制作封面用的纸板各多出 1.5 cm。在布面上胶，将三块纸板置于布上，两块封面与脊部纸板之间应空出至少 9 mm 的距离，可以找一张尺寸相应的美术纸当作对照，会比较容易定位。粘好纸板之后，裁出布的四角，将四边向内折包住纸板。（图 3-65）

第十步：将本子对准封面中央放上去，注意封面的上下端和前侧都要多出一点。用液态胶将衬页与封面黏合，调整封面和封底并确认两者相互对齐。接着用同样的方法将另一侧的衬页与封底黏合，脊部则不上胶，这样就会比较容易翻开。（图 3-66）

第十一步：粘好之后马上将本子夹在两块木板之间放入压平机，注意脊部要露出来。对准本子的中央处利用压平机加压数秒钟，接着拿起本子确认是否完全黏合，然后将本子用书压数小时，一本硬面平脊精装书即可完成。（图 3-67、图 3-68）

图 3-60　上胶

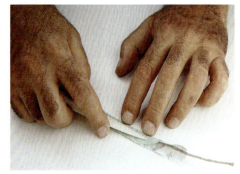

图 3-61　制作堵头布

图 3-62　固定堵头布

图 3-63　粘贴衬页

图 3-64　制作封面和背部

图 3-65　裁出包书布

图 3-66　黏合组装

图 3-67　压平定型

图 3-68　完成后的成品书

（3）硬面圆脊精装书装订工艺步骤

硬面圆脊精装书的装订工艺分为书芯的制作和加工，以及衬背和书壳的制作、套壳制作基本工序。

装订的具体工序大致为：折叠印张→个别插页配帖→压平→切出脊部缺口→缝缀→刷胶→干燥→裁切→书芯扒圆→捶背→起脊→切割硬板→硬板和书芯连接→衬背→装裱封面→贴环衬→贴合→干燥等。

①书芯的制作和加工

精装书书芯的制作，一部分与平装书装订工艺过程相同，包括裁切、折页、配帖、锁线与切书。在完成这些工作以后，进行精装书芯特有的加工过程，其加工过程与书芯的结构有关。

第一阶段：折叠印张→个别插页配帖→压平→切出脊部缺口→缝缀→刷胶→干燥→裁切。（图3-69—图3-73）

图 3-69　配帖

图 3-70　切出脊背缺口

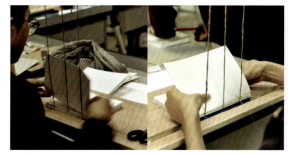

图 3-71　缝缀

图 3-72　刷胶

将纸张依照正确页序加以折叠，形成一份份书帖，折叠作业必须准确，尽量避免尺寸误差。

手工装订书籍在书帖缝缀之前必须先压平，机器装订则是先缝缀再压平。压平的作用主要是排除页与页之间的空气，使书芯结实平服，提高书籍的装订质量，书籍的装帧不同，压平要求也不同，精装书的压力可以轻些，特别是圆脊书芯，这样有利于扒圆的加工。由于书帖经过压平便不能再调动位置，因此在压平前必须先"靠拢"（逐一正确地叠放）各个书帖。

图 3-73 裁切

刷胶使书芯达到基本定型，在下一工序加工时，书帖不致发生相互移动，书芯的书脊部分刷胶可分为手工刷胶和机械刷胶两种，胶料以稀薄为好。

刷胶基本干燥后，再进行裁切，成为光本书芯。

第二阶段：扒圆→捶背→起脊→上胶。（图 3-74、图 3-75）

要让精装书能够打开、摊平，需要进行扒圆、捶背的工序。

书芯由平脊加工成圆脊的工艺过程称为扒圆。所谓扒圆，是在书脊上把书帖敲实、敲紧（因为缝缀书帖会造成订口的厚度增加）。如果采用手工装订，会用圆头锤在书脊上扒出隆起的弧面，随着书脊逐渐往外凸出，前切口也逐渐呈现朝内弯曲的弧面。进行捶背则必须将书本夹在两块压书板中间，自前后两侧书帖逐步往外锤敲，捶出凸唇和凹槽，预留封皮硬板的空间。如果采用机器完成此道工序，可使用单一机器上的机械辊处理扒圆与捶背，往往会先用蒸汽将书背蒸软，提高它的可塑性，扒圆后使整本书的书帖能互相错开，便于翻阅，提高书芯的牢固程度和书芯同书壳的连接程度。

所谓起脊，是指书籍的前后封面与书脊的连接处称为起脊。起脊是利用书脊上下两边的变形弧度高出于书芯，在书脊与环衬连线边缘做成沟槽，这种做沟槽的工艺叫起脊，脊高一般与封面

图 3-74 扒圆、捶背、起脊

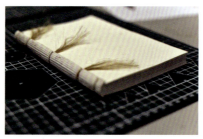

图 3-75　圆脊效果

纸厚度相同。注：要使整本书更加坚固结实，胶料必须准确附着于书脊并渗入各书帖之间，且不可让多余的胶料裸露在外。

②衬背及书壳的制作

精装书的封面称书壳，一般精装书书壳的结构如下。（图 3-76）

基本工序：切割硬板→打孔→割槽→穿麻线→埋麻线→上纸板→贴纱布→贴堵头布→贴牛皮纸（两层）→打磨书壳→制作书筋线。（图 3-77—图 3-89）

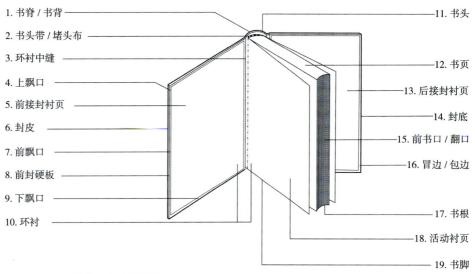

1. 书脊 / 书背
2. 书头带 / 堵头布
3. 环衬中缝
4. 上飘口
5. 前接封衬页
6. 封皮
7. 前飘口
8. 前封硬板
9. 下飘口
10. 环衬

11. 书头
12. 书页
13. 后接封衬页
14. 封底
15. 前书口 / 翻口
16. 冒边 / 包边
17. 书根
18. 活动衬页
19. 书脚

图 3-76　精装书书壳的结构

图 3-77　打孔、割槽

视频3-2

图 3-78　穿麻线、埋麻线、上纸板、捶平麻线头

图 3-79　书脊贴纱布

图 3-80　贴堵头布

视频3-3

图 3-81　贴牛皮纸

图 3-82　打磨书壳

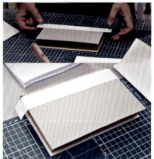

图 3-83　贴衬纸

图 3-84　制作书筋线

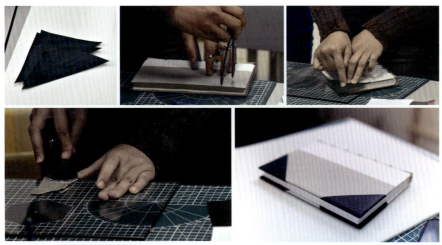

图 3-85 制作封面皮革装饰角

图 3-86 书脊刷胶

图 3-87 书芯和皮革封面对位

图 3-88 书脊贴皮、绷皮、塑形

切割硬板（荷兰板）指切割封面硬板，各种不同的纸板都可用来充当封面硬板。封面硬板必须表面平滑，并能与封面材料准确牢贴在一起，而且，封面材料的面积要大于书体开本（即飘口，三边大于书芯至少 3 mm），贴在硬板上才有宽裕的封面材料绕过旁边折入封面内侧，最重要的是在纸板上平均施胶，而且胶水的含水量不可过高，以免纸板受潮变形。若以机器处理，厚重的书用纸板会用特殊的垂降式裁刀或平移式纸卡滑切刀等机械加以切割。

注：内衬以徒手或利用机器贴附在封皮的反面；贴纱布、书签带、堵头布等步骤亦可使用机器处理。这些都是书脊的加固工作，使书脊挺括、牢固，外形美观坚实。

图 3-89 书筋线起凸

③套壳的制作

把书芯和书壳联结在一起的工作叫套壳，此工作可以手工进行也可以用机器进行。先在书槽部分刷胶，然后套在书芯上，使书槽与书芯的脊黏接牢固，再在书芯的衬页上刷胶使书壳与书芯牢固、平服。硬封精装书的前后封面与背脊连接的部位有一条书槽，作用是保护书芯不变形，造型美观，翻阅方便。（图3-89）套壳制作基本工序：贴封面→粘环衬→贴合→干燥。（图3-90—图3-94）

图 3-90　贴前处理　　　　　图 3-91　贴封面

图 3-92　粘环衬

图 3-93　贴合

注：皮料必须使用鞋匠专用的削刀将边缘削薄，包覆于硬板时才能干净利落地平缓收尾。把皮料粘贴在硬板上，先将上下两边多出来的面料折入，暂时以绳线捆扎，把飘口固定。用特殊的镊子或夹沟器在书脊上标定位置，用麻绳在书脊上压出书筋线凸起的形状，待其干燥，再解开、移除固定包边的绳线。这道步骤若由机器完成，则称作"上封（皮）"，有的装订机器一小时就能够完成2 000本书的上封作业。

图 3-94　完成后的硬面圆脊精装书

图 3-95 《查令十字街 84 号》（王燕燕、晏薇婷，指导：李昱靓）

视频 3-4

图 3-96 《查令十字街 84 号》（戴汶洲、魏忻涛、吴涛，指导：李昱靓）

图3-97 《查令十字街84号》（姚沁伶、易霞，指导：李昱靓）

图3-98 《查令十字街84号》（曹文静、段婧琦、任华峰，指导：李昱靓）

思考题：

1.中国传统书籍发展史中，有哪些最感兴趣的装帧形态？并收集现代书籍设计作品中运用这些装帧形态的若干案例。

2.试分析莫里斯时期的书籍设计艺术作品的特点？谈谈对现代书籍设计艺术的借鉴和影响。

3.德国古登堡时期的印刷技术对今天印刷技术的影响有哪些？

4.请分组探讨纸质书籍未来发展的趋势。

4 |
书籍的印刷工艺

印刷工艺是将人的视觉、触觉信息进行物化再现的全部过程。现代印刷工艺是创造书籍形态美感的重要保证，可以有效地延伸和扩展设计者的艺术构思、形态创造以及审美情趣。因此，我们必须了解和掌握书籍的印刷工艺和流程，才能实现设计构思的完美物化形态。

4.1 书籍常见的印刷工艺

印刷的工艺很多，不同的方法操作不同，印刷效果也不同。目前常见的印刷工艺有：平版印刷、凸版印刷、凹版印刷、丝网印刷和数码印刷，还有近年来流行 Riso 印刷。

4.1.1 传统印刷工艺

（1）雕版印刷术

雕版印刷就是凸版印刷，是最古老的一种印刷方法。

中国古代书籍装帧与雕版印刷或雕版印书密不可分，据明人胡应麟《少室山房笔丛》记："雕版肇自隋时，行于唐世，扩于五代，精于宋人，"印刷术的发明打破了王宫贵族少数人垄断文化的历史，通过书籍载体使文化传承更为广泛和深远。以雕版印刷的生产方式印刷的书，品种多，印量大，使用时间更长，在各个时期形成了各自的特点和流派。按年代计有唐刻本、五代十国刻本、宋刻本、辽刻本、西夏刻本、金刻本、元刻本、明刻本、清刻本；按版本印刻机构可分为官刻本、坊刻本、家刻本等。

我国的雕版印刷术大概在隋末唐初时期出现以后，在唐代得到发展，并逐渐投入应用。举世闻名的《金刚般若波罗蜜密经》，简称《金刚经》，是发现于我国境内有确切日期最早的印本书，可以说是世界上现存年代较早又最为完整且相当成熟的印刷品，是一部首尾完整的卷轴装书。该书长约 16 尺（1 尺 =33.33 cm），高约 1 尺，由 7 个印张黏接起来，另加一张扉画，扉画布局严谨，雕刻精美，功力纯熟，这表明 9 世纪中叶，我国的插图已进入相当成熟的时期。（图 4-1）

图 4-1 明代雕版印刷版本《金刚经》

（2）活字印刷

雕版印刷的发明和发展，对人类社会和文化事业的进步作出了巨大贡献，随着社会对书籍的需求量的增大，因雕版印刷技术费工耗材的缺陷，不得不寻求一种新的印刷方式来替代雕版，而活字印刷就是一个新的里程碑。

据《中华印刷通史》记载，毕昇是在宋代庆历年间（1041—1048 年）发明了泥活字。又据北宋沈括记载，毕昇是普通老百姓，他的活字是用胶泥制作，薄厚近似铜钱的厚度，每一个字为一个独立印字（活字），经过火烧后很坚固，实质上成为陶质活字。毕昇成功地创造了泥活字制作工艺，这是书籍制作工艺上的又一次重大革新，比德国古登堡用活字排印书籍要早 400 年。（图 4-2）

在活字原理的启发下，元朝初期王祯试制木活字成功。王祯，字伯善，山东东平人。他还创制了转轮排字盘。元大德二年（1298 年），王祯用自己创制的木活字，排印了自己主持纂修的《旌德县志》。（图 4-3）

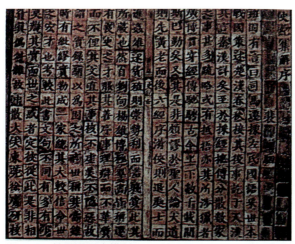

图 4-2　毕昇泥活字模型

图 4-3　王祯转轮排字图

到了明朝，许多地区使用木活字印书。到清朝，木活字已经在全国通行。随后，还创造了铜活字、锡活字和铅活字，而金属活字的应用，标志着印刷技术又发展到一个新的水平。其中铜活字应用较广，现知最早的铜活字印书活动是在 15 世纪末，即明朝弘治年间。印制规模最大的要算雍正四年（公元 1726 年）内府用铜活字排印的《古今图书集成》，全书共 10 000 卷，目录 40 卷，分 6 编 32 典，6 109 部，是我国著名的大型类书之一。

活字印刷传到西方后，受到热烈欢迎，因为它更适合拼音文字。活字最初是木活字，经过改进而成为铅活字，逐渐成为世界范围占统治地位的印刷方式。清朝晚期，随着西方铅活字排印技术的传入，中国书籍的印制工艺也走上了世界铅字排印的道路。随后又逐渐发展了印刷工艺，胶版印刷工艺也就出现了。

随着 20 世纪初中国书籍制作工艺引进西方科学技术至今，书籍制作工艺手段可谓无奇不有，似乎只有想不到的效果，而没有完不成的工艺之说。除各种印刷手段外，如起凸、压凹、烫电化铝、烫漆片、UV 上光、覆膜、激光雕刻等工艺手段都各具特色，为不同书籍塑造着各具表现力的个性形象。

4.1.2　现代印刷工艺

（1）平版印刷

平版印刷源于石版印刷，早在 1789 年，由巴伐利亚剧作家菲尔德发明，它应用了油水分离的原理，将石版或印版表面的油墨直接转印到纸张表面。之后改良为金属锌版或铝版为板材，但印刷原理不变。

平版印刷的印版，印刷部分和空白部分无明显高低之分，几乎处于同一平面上。印刷部分通过感光方式或转移方式使之具有亲油性，空白部分通过化学处理使之具有亲水性。在印刷时，利用油水相斥的原理，首先在版面上洒水，使空白部分吸附水分，再往版面滚上油墨，使印刷部分附着油墨，而空白部分因已吸附水，不能再吸附油墨，然后使承印物与印版直接或间接接触，加以适当压力，油墨移到承印物上成为印刷品。

印刷制作过程：给纸→湿润→供墨→印刷→收纸。

平版印刷优势：平版印刷工艺简单，成本低廉，印刷成品色彩准确，可以做大批量印刷，因此，在近代成为使用最多的印刷工艺。平版印刷主要用于书籍、杂志、包装等印刷工艺中。（图 4-4、图 4-5）

（2）凸版印刷

凸版印刷的印版，其印刷部分高于空白部分，而且所有印刷部分均在同一平面上。印刷时，在印刷部分敷以油墨，因空白部分低于印刷部分，所以不会沾上油墨，然后使纸张等承印物与印版接触，并加以一定压力，使印版上印刷部分的油墨转印到纸张上而得到印刷成品。

凸版印刷上的图文都是反像，图文部分与空白部分不在一个平面。印刷时，经过墨辊滚印版表面，油墨经过凸起的部分均匀地沾上墨层，承印物通过印版时，经过加压，印版附着的油墨被印到承印物表面，从而获得了印迹清晰的正像图文印品。

印刷成品的表面有明显的不平整度，这是凸版印刷品的特征。凸版印刷的方式主要有木刻雕版印刷、铅活字版印刷和感光树脂版印刷。现代工艺化的凸版印刷以感光树脂版印刷为主。

凸版印刷的优点是油墨浓厚，色彩鲜艳，油墨表现力强，缺点是铅字不佳时影响字迹的清晰度。因此凸版印刷适合小幅面的印刷品，不适合大开本的印刷。（图4-6）

（3）凹版印刷

凹版印刷简称"凹印"，是一种直接的印刷工艺。凹版印刷的印版，印刷部分低于空白部分，而凹陷程度又随图像的层次有深浅不同，图像层次越暗，其深度越深，空白部分则在同一平面上。印刷时，全版面涂布油墨后，用刮墨机械刮去平面上（即空白部分）的油墨，使油墨只保留在版面低凹的印刷部分上，再在版面上放置吸墨力强的承印物，施以较大压力，使版面上印刷部分的油墨转移到承印物上而得到印刷品。

图4-5　海德堡四色印刷机

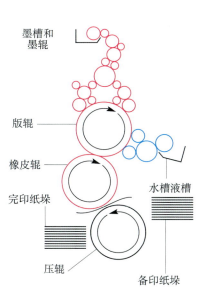

墨槽和墨辊

版辊

橡皮辊

完印纸垛

压辊

水槽液槽

备印纸垛

图4-4　四色印刷机原理

图4-6　凸版印刷品

图 4-7　专色凹版印刷品

因为版面上印刷部分凹陷的深浅不同，所以印刷部分的油墨量就不等，印刷成品上的油墨膜层厚度也不一致，油墨多的部分显得颜色较浓，油墨少的部分颜色就淡，因而可使图像显得有浓淡不等的色调层次。凹版印刷主要应用于书籍、产品目录等印刷物，而且也应用于装饰材料等特殊领域，如木纹装饰、皮革材料等。

凹版印刷作为印刷工艺的一种，以其印制品墨层厚实、颜色鲜艳、饱和度高、印制的重复使用率高、印品质量稳定、印刷速度快等优点广泛应用于图文印刷领域；缺点是印前制版技术复杂，周期长，成本高。（图 4-7）

（4）丝网印刷

丝网印刷是孔版印刷的一种，简称"丝印"，是油墨在强力作用下通过丝网漏印形成图像的印刷工艺。

印刷制作过程：以网框为支撑，以丝网为版基，根据印刷图像的要求，将丝网表面制作遮挡层，遮住的部分阻止油墨通过，通过刮板施力将油墨从丝网版的孔中挤压到承印材料上。

丝网印刷的特点：丝网印刷适应范围广泛，既可在平面上印刷，也可在曲面、球面及凹凸面的承印物上进行印刷；既可在硬物上印刷，还可以在软材料上印刷。其优点是墨层厚实、立体感强、质感丰富、耐光性强、色泽鲜艳、油墨调配方法简便、印刷幅面较大。

丝网印刷设备也简单，操作方便，印刷、制版简易且成本低，适应性强。

（5）数码印刷

该印刷技术是在打印技术的基础上发展起来的一种综合技术，是以电子文本为载体，通过网络传递给数码印刷设备，实现直接印刷。数码印刷是把电脑文件直接印刷在纸张上，有别于传统印刷烦琐的工艺过程的一种全新印刷方式。数码印刷具有一张起印，无须制版，立等可取，即时纠错，按需印刷等特点，具有简单、快捷、灵活等众多优势。（图 4-8）

图 4-8　佳能 C850 系列彩色数码印刷系统

（6）Riso印刷

Risograph（简称Riso）是一种介于胶版和丝网间的印刷技术，是日本Riso Kaagaku公司（理想科学工业株式会社）于20世纪80年代中期开始生产的一种小型印刷机器，首款印刷机是一体化全自动速印机，名为Risograph，生产于1986年。

丝网印刷需要的各种用品林林总总一大堆（网屏、感光剂、底片、晒版机、真空印台、晾干架……），而Riso印刷只需要一台比复印机大一点的机器，对于独立出版者来说，Riso降低了印刷的成本。

Riso印刷的印刷内容可以从电脑或机器自带的扫描单元输入。按照事先设定的参数，机器会将待印刷内容转换为半色调模式的影像数据。对应半色调影像上的点阵，制版单元会在版纸的相应位置烧结出一系列细微小孔。这张带有细微小孔的版纸将被固定在一个油墨滚筒表面，用作印刷时的母版。印刷时滚筒高速旋转，油墨会通过母版上的细微小孔被转印在纸上完成印刷。一张母版在破损前能重复印刷8 000次左右，油墨滚筒的颜色也可以随时更换。Riso使用的是环保的乳化水基大豆油墨，目前大概有20多种固定颜色可供选择，也可向理想公司下单定制自己想要的颜色。

Riso的印刷效果与墨水有很大的关系。Riso使用的是大豆油墨，而且印刷的结果与丝网印刷非常相似。这意味着一旦将墨水附着到纸张上，就不需要额外的热量来设定颜色。大豆墨水对于设计师来说还有其他吸引人的特质，它的印刷成品的纹理和外观会依据不同纸张而变化。Riso印刷的透明效果，还可以用来套印颜色，这种延展性特征让它拥有了像调色盘一样的功能。另外，Riso还可以打印荧光油墨，以及无法在屏幕上复制或者以数字方式打印的颜色。Riso运用的其实是一种介乎于胶板和丝网的印刷技术，具有传统和复古的特点，使作品产生朴素的美感。因为不同纸张对墨水吸收程度的不同，它又能实现丰富多彩的变化。

Riso印刷可以和丝网印刷齐名，Riso的印刷虽然有些机械化的感觉，但也不失丝网印刷那种特殊的手工品质。尤其是当Riso在印刷多种颜色时，由于不好把握套色的对位准确性（这点比不上丝网印刷），印刷出来的作品有些意料之外的效果。而这一点，反而是让很多艺术家惊喜，进而爱上这个特点。（图4-9）

图4-9　Riso印刷品

4.2 书籍印刷流程

书籍印刷的基本流程是：印前→印刷→印后加工。

4.2.1 印前

文字编排→版面设计→封面设计；打样→出片。

（1）文字编排

文字录入→初校→修改→二校→修改→送作者终校。

（2）版面设计

初排→初审（统一文字标题格式体例）→修改→二审→修改→终审。

（3）封面设计

美术设计→确定装帧方式→初审→修改→终审。

上述三项完成后，由责任人（通常是总编辑）签字定稿，定稿之后打样出片。出片之后由责任编辑核对后送印刷厂。

4.2.2 印中

记录→拼版→晒版→切纸→印刷→大检。

（1）记录

对来稿编号登记，进而开出生产工艺单（包含拼版工艺、印刷工艺、装订工艺、印数、开纸尺寸、成品尺寸、付印时间、交付时间等）。

（2）拼版

按工艺单拼版（装订方式不同拼版不同）→折手检查→待晒。

（3）晒版

按工艺单要求晒版（图文色彩不同晒版时间需增减）→修版→待印。

（4）切纸

按工艺单要求裁切大纸→按版面核对纸张数量→待印。

（5）印刷

按工艺单要求印刷→印出第一张纸按折手折样→色彩格式严格追样（特殊情况作者看样）→保证质量数量（规矩准确、正被套印准确、水墨平衡）。

（6）大检

检验质量、规矩、数量→记录最终合格成品的实际数量保证装订加放。

4.2.3 印后加工

记录→大页初检→折页→（骑马钉）→（锁线）→（无线校订）→（锁线胶订）→精装；封面工艺→覆膜→（UV）→（烫金）→（起凸）→成品检验→包装贴签→入库。

4.3 书籍印刷特殊工艺

特殊印刷工艺是在印刷加工过程中为了追求特殊的效果而衍生出来的技巧和手法。在现代书籍印刷中，特殊工艺主要应用于印后，一般包括上光工艺、覆膜工艺、烫印工艺、凹凸压印工艺、模切压痕工艺等工艺技术。印后工艺的使用会对书籍的整体效果起到画龙点睛的作用。

4.3.1 模切

为了在设计作品中表现丰富的结构层次和趣味性的视觉体验，设计师往往利用模切工艺对印刷品进行后期加工，通过模切刀切割出所需要的任意图形，使设计品更有创意。（图 4-10—图 4-16）

图 4-10 儿童书籍

图 4-11 《俗画说》（梁春晓，指导：李昱靓）

图 4-12 模切工艺的图书

图 4-13 模切工艺的图书

图 4-14　模切工艺

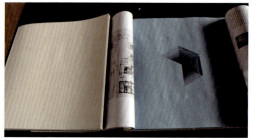
图 4-15　模切工艺的图书（赵清）

图 4-16　模切工艺的图书

4.3.2　切口装饰

切口装饰是一种特殊的书籍切口装帧技术，它利用书籍书口的厚度形成的平面作为印刷平面进行印制。最早人们通过镀金镀银的方法在书口进行绘饰，以保护书籍的页边，而现在主要利用切口装饰来增添书籍设计的装饰效果。（图4-17）

视频4-1

图 4-17　切口装饰

4.3.3　打孔

打孔是利用机器在纸面上冲压出一排微小的孔洞，这样纸面一部分可以通过手撕方法与其他部分进行分离，因而这样的方法又称"撕米线"。（图4-18）

4.3.4　凹凸压印

凹凸压印是印刷品表面装饰加工中一种特殊的加工技术。它使用凹凸模具，在一定的压力作用下，使平面印刷物上形成立体三维的凸起或者凹陷效果，这种加工工艺即是凹凸压印。

印刷时不使用油墨，而是直接利用印刷机的压力进行压印，操作方法与凸版印刷相同，但压力更大。如果质量要求高或纸张比较厚、硬度比较大，也可以采用热压，即在印刷机的金属版上接通电源，再施压。凹凸压印要求凹凸面积不宜过大或过小。（图4-19）

4.3.5　烫印

烫印习惯上又叫"烫金""烫银"或者是"过电化铝"，以金属箔或颜料箔通过热压转印到印刷品或其他物品表面上，以增强装饰效果，通常是在精装书封壳的护封或封面及书脊部分烫上色箔等材料的文字和图案，或用热压方法压印上各种凹凸的书名或花纹。烫印箔的品种很多，有亮金、亮银、亚金、亚银、刷纹、铬箔、颜料箔等，其装饰效果好。（图4-20、图4-21）

图4-18　打孔工艺

图4-19　封面凹凸+UV上光工艺

图4-20　烫银工艺

图4-21　烫金工艺

4.3.6 植绒

植绒是将专用纤维移植到承印物上，可供植绒的载体有纸张、皮革、陶瓷、金属、塑料等。植绒纤维的颜色除金、银外，几乎都有。（图 4-22）

4.3.7 毛边

纸张边缘会在造纸的过程中产生粗糙的毛边，一般来说机器造纸会有两个毛边，而手工造纸会有四个毛边，纸张毛边的发生是造纸的正常现象，毛边往往在后期加工中被裁掉，但是设计师可以有意识地利用这种毛边效果进行设计创作，能够带给设计品耳目一新的感觉。（图 4-23）

4.3.8 覆膜与 UV 上光

塑料薄膜涂上黏合剂后，与以纸为承印物的印刷品，经橡皮滚筒和加热滚筒加压后黏合在一起，形成纸塑合一的产品的工艺叫覆膜。

上光油是在印刷品的表面涂一层无色透明涂料，通过紫外光干燥、固化油墨的后加工工艺，可以使印刷品表面形成一层光亮的保护膜以增加印刷品的耐磨性，还可以防止印刷品受到污染。同时上光油工艺能够提高印刷品表面的光泽度和色彩的纯度，提升整个印刷品的视觉效果，是设计师较为常用的一种后期加工工艺。目前 UV 油墨已经涵盖胶印、丝网、喷墨、移印等领域。（图 4-24）。

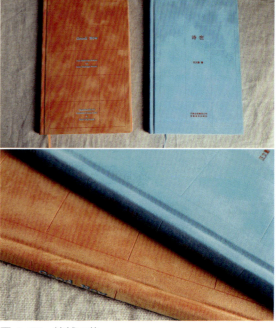

图 4-22　植绒工艺

图 4-23　毛边工艺

图 4-24　UV 上光工艺

4.3.9　其他特殊工艺

其他特殊工艺有布面印刷、纸上刺绣、织物刺绣、反光油墨、激光印刷等。（图 4-25—图 4-28）。

图 4-25　特殊工艺（布面印刷）

图 4-26　特殊工艺（纸上刺绣、织物刺绣）

图 4-27　特殊工艺（反光油墨）　　　　图 4-28　特殊工艺（激光印刷）

思考题：

　　1.请在课堂上分组探讨一下书籍设计与阅读之间的关系。

　　2.请对书籍的印刷工艺的呈现进行市场调查并进行分析，撰写一份市场调查报告（1 000字以上）。

　　3.现代印刷工艺有哪些种类?

—— 参考文献
REFERENCES

［1］肖柏琳，魏鸿飞，邹永新.书籍装帧设计［M］.长春：东北师范大学出版社，2013.

［2］李致忠.简明中国古代书籍史［M］.北京：国家图书馆出版社，2008.

［3］杨永德，蒋洁.中国书籍装帧4000年艺术史［M］.北京：中国青年出版社，2013.

［4］吕敬人.书籍设计基础［M］.北京：高等教育出版社，2012.

［5］吕敬人.书艺问道［M］.北京：中国青年出版社，2006.

［6］（波）别内尔特，关木子.书籍设计［M］.沈阳：辽宁科学技术出版社，2012.

［7］钟芳玲.书天堂［M］.北京：中央编译出版社，2012.